《蘇州全書》編纂出版委員會 編

・孝經鄭氏注箋釋
・孝經校釋

蘇州全書

甲編

蘇州大學出版社
古吳軒出版社

圖書在版編目（C I P）數據

孝經鄭氏注箋釋；孝經校釋 / 曹元弼撰 . -- 蘇州：
蘇州大學出版社：古吳軒出版社，2023.12
（蘇州全書）
ISBN 978-7-5672-4631-7

Ⅰ. ①孝… Ⅱ. ①曹… Ⅲ. ①《孝經》—注釋 Ⅳ.
① B823.1

中國國家版本館 CIP 數據核字（2023）第 240216 號

責任編輯　劉　冉
裝幀設計　周　晨　李　璇
責任校對　汝碩碩

書　　名　孝經鄭氏注箋釋　孝經校釋
撰　　者　曹元弼
出版發行　蘇州大學出版社
地址：蘇州市十梓街1號　電話：0512-67480030
古吳軒出版社
地址：蘇州市八達街118號蘇州新聞大厦30F　電話：0512-65233679
印　　刷　常州市金壇古籍印刷廠有限公司
開　　本　889 × 1194　1/16
印　　張　46
版　　次　2023 年 12 月第 1 版
印　　次　2023 年 12 月第 1 次印刷
書　　號　ISBN 978-7-5672-4631-7
定　　價　320.00 元

《蘇州全書》編纂工程

總主編

劉小濤　吳慶文

學術顧問

（按姓名筆畫爲序）

王　芳　王　宏　王　堯　王　鍔　王紅蕾　王華寶　王爲松　王衛平
王餘光　王鍾陵　朱棟霖　朱誠如　任　平　全　勤　江慶柏　江澄波
汝　信　阮儀三　杜澤遜　李　捷　吳　格　吳永發　何建明　言恭達
沈坤榮　沈燮元　武秀成　范小青　范金民　茅家琦　周　秦　周少川
周國林　周勛初　周新國　胡可先　胡曉明　姜　濤　姜小青　韋　力
姚伯岳　馬亞中　袁行霈　華人德　莫礪鋒　徐　俊　徐　海　徐　雁
徐惠泉　徐興無　唐力行　陸振嶽　陸儉明　陳子善　陳正宏　陳尚君
陳紅彥　陳廣宏　黃愛平　黃顯功　崔之清　張乃格　張志清　張伯偉
張海鵬　葉繼元　葛劍雄　單霽翔　程章燦　程毅中　喬治忠　鄔書林
賀雲翺　詹福瑞　趙生群　廖可斌　熊月之　樊和平　劉　石　劉躍進
閻曉宏　錢小萍　戴　逸　韓天衡　嚴佐之　顧　﨏

《蘇州全書》編纂出版委員會

主　任　金　潔　查穎冬

副主任　黄錫明　張建雄　王國平　羅時進

編　委（按姓名筆畫爲序）

丁成明　王　煒　王　寧　王忠良　王偉林　王稼句　王樂飛　尤建豐
卞浩宇　田芝健　朱　江　朱光磊　朱從兵　李　忠　李　軍　李　峰
李志軍　吴建華　吴恩培　余同元　沈　鳴　沈慧瑛　周生杰　查　焱
洪　曄　袁小良　徐紅霞　卿朝暉　高　峰　凌郁之　陳　潔　陳大亮
陳其弟　陳衛兵　陳興昌　孫　寬　孫中旺　黄啟兵　黄鴻山　接　曄
曹　煒　曹培根　張蓓蓓　程水龍　湯哲聲　蔡曉榮　臧知非　管傲新
齊向英　歐陽八四　潘志嘉　錢萬里　戴　丹　謝曉婷　鐵愛花

前言

中華文明源遠流長，文獻典籍浩如烟海。這些世代累積傳承的文獻典籍，是中華民族生生不息的文脉和根基。蘇州作爲首批國家歷史文化名城，素有『人間天堂』之美譽。自古以來，這裏的人民憑藉勤勞和才智，創造了極爲豐厚的物質財富和精神文化財富，使蘇州不僅成爲令人嚮往的『魚米之鄉』，更是實至名歸的『文獻之邦』，爲中華文明的傳承和發展作出了重要貢獻。

蘇州被稱爲『文獻之邦』由來已久，早在南宋時期，就有『吳門文獻之邦』的記載。宋代朱熹云：『文，典籍也；獻，賢也。』蘇州文獻之邦的地位，是歷代先賢積學修養、劬勤著述的結果。明人歸有光《送王汝康會試序》云：『吳爲人材淵藪，文字之盛，甲於天下。』朱希周《長洲縣重修儒學記》亦云：『吳中素稱文獻之邦，蓋子游之遺風在焉，士之嚮學，固其所也。』《江蘇藝文志·蘇州卷》收録自先秦至民國蘇州作者一萬餘人，著述達三萬二千餘種，均占江蘇全省三分之一强。古往今來，蘇州曾引來無數文人墨客駐足流連，留下了大量與蘇州相關的文獻。時至今日，蘇州仍有約百萬册的古籍留存，入選『國家珍貴古籍名録』的善本已達三百一十九種，位居全國同類城市前列。其中的蘇州鄉邦文獻，歷宋元明清，涵經史子集，寫本刻本，交相輝映。此外，散見於海内外公私藏家的蘇州文獻更是不可勝數。它們載録了數千年傳統文化的精華，也見證了蘇州曾經作爲中國文化中心城市的輝煌。

蘇州文獻之盛得益於崇文重教的社會風尚。春秋時代，常熟人言偃就北上問學，成爲孔子唯一的南方弟子。歸來之後，言偃講學授道，文開吳會，道啓東南，被後人尊爲『南方夫子』。西漢時期，蘇州人朱買臣負薪讀書，穹窿山中至今留有其『讀書臺』遺迹。兩晉六朝，以『顧陸朱張』爲代表的吴郡四姓涌現出大批文士，在不少學科領域都貢獻卓著。及至隋唐，蘇州大儒輩出，《隋書·儒林傳》十四人入傳，其中籍貫吴郡者二人；《舊唐書·儒學傳》三十四人入正傳，其中籍貫吴郡（蘇州）者五人。文風之盛可見一斑。北宋時期，范仲淹在家鄉蘇州首創州學，並延名師胡瑗等人教授生徒，此後縣學、書院、社學、義學等不斷興建，蘇州文化教育日益發展。故明人徐有貞云：『論者謂吾蘇也，郡甲天下之郡，學甲天下之學，人才甲天下之人才，偉哉！』在科舉考試方面，蘇州以鼎甲萃集爲世人矚目，清初汪琬曾自豪地將狀元稱爲蘇州的土産之一，有清一代蘇州狀元多達二十六位，占全國的近四分之一，由此而被譽爲『狀元之鄉』。近現代以來，蘇州在全國較早開辦新學，發展現代教育，涌現出顧頡剛、葉聖陶、費孝通等一批大師巨匠。中華人民共和國成立後，社會主義文化教育事業蓬勃發展，蘇州英才輩出，人文昌盛，文獻著述之富更勝於前。

蘇州文獻之盛受益於藏書文化的發達。蘇州藏書之風舉世聞名，千百年來盛行不衰，具有傳承歷史長、收藏品質高、學術貢獻大的特點，無論是卷帙浩繁的圖書還是各具特色的藏書樓，以及延綿不絶的藏書傳統，都成爲中華文化重要的組成部分。據統計，蘇州歷代藏書家的總數，高居全國城市之首。南朝時期，蘇州就出現了藏書家陸澄，藏書多達萬餘卷。明清兩代，蘇州藏書鼎盛，絳雲樓、汲古閣、傳是樓、百宋一廛、藝芸書舍、鐵琴銅劍樓、過雲樓等藏書樓譽滿海内外，彙聚了大量的珍貴文獻，對古代典籍的收藏保護厥功至偉，亦於文獻校勘、整理裨益甚巨。《舊唐書》自宋至明四百多年間已難以考覓，直至明嘉靖十七年（一五三八），聞人詮在蘇州爲官，搜討舊籍，方從吴縣王延喆家得《舊唐書》『紀』和『志』部分，從長洲張汴家得《舊唐書》『列傳』部分，『遺籍俱出宋時模板，旬月之間，二美璧合』，于是在蘇州府學中槧刊，《舊唐書》自此得以彙而成帙，復行於世。清代嘉道年間，蘇州黄丕烈和顧廣圻均爲當時藏書名家，且善校書，『黄跋顧校』在中國文獻史上影響深遠。

蘇州文獻之盛也獲益於刻書業的繁榮。蘇州是我國刻書業的發祥地之一，早在宋代，蘇州的刻書業已經發展到了相當高的水平，至今流傳的杜甫、李白、韋應物等文學大家的詩文集均以宋代蘇州官刻本爲祖本。宋元之際，蘇州磧砂延聖院還主持刊刻了中國佛教史上著名的《磧砂藏》。明清時期，蘇州成爲全國的刻書中心，所刻典籍以精善享譽四海，明人胡應麟有言：『凡刻之地有三，吴也、越也、閩也。』他認爲『其精，吴爲最』，『其直重，吴爲最』。又云：『余所見當今刻本，蘇常爲上，金陵次之，杭又次之。』清人金埴論及刻書，仍以胡氏所言三地爲主，則謂『吴門爲上，西泠次之，白門爲下』。明代私家刻書最多的汲古閣、清代坊間刻書最多的掃葉山房均爲蘇州人創辦，晚清時期頗有影響的江蘇官書局也設於蘇州。據清人朱彝尊記述，汲古閣主人毛晉『力搜秘册，經史而外，百家九流，下至傳奇小説，廣爲鏤版，由是毛氏鋟本走天下』。由於書坊衆多，蘇州還産生了書坊業的行會組織崇德公所。明清時期，蘇州刻書數量龐大，品質最優，裝幀最爲精良，爲世所公認，國内其他地區不少刊本也都冠以『姑蘇原本』，其傳播遠及海外。

蘇州傳世文獻既積澱着深厚的歷史文化底藴，又具有穿越時空的永恒魅力。從范仲淹的『先天下之憂而憂，後天下之樂而樂』，到顧炎武的『天下興亡，匹夫有責』，這種胸懷天下的家國情懷，早已成爲中華民族精神的重要組成部分，傳世留芳，激勵後人。南朝顧野王的《玉篇》，隋唐陸德明的《經典釋文》、陸淳的《春秋集傳纂例》等均以實證明辨著稱，對後世影響深遠。明清時期，馮夢龍的《喻世明言》《警世通言》《醒世恒言》，在中國文學史上掀起市民文學的熱潮，具有開創之功。吴有性的《温疫論》、葉桂的《温熱論》，開温病學研究之先河。蘇州文獻中蘊含的求真求實的嚴謹學風、勇開風氣之先的創新精神，已經成爲一種文化基因，融入了蘇州城市的血脉。不少蘇州文獻仍具有鮮明的現實意義。明代費信的《星槎勝覽》，是記載歷史上中國和海上絲綢之路相關國家交往的重要文獻。鄭若曾的《籌海圖編》和徐葆光的《中山傳信録》，爲釣魚島及其附屬島嶼屬於中國固有領土提供了有力證據。魏良輔的《南詞引正》、嚴澂的《松絃館琴譜》、計成的《園冶》，分別是崑曲、古琴及園林營造的標志性成果，這些藝術形式如今得以名列世界文化遺産，與上述名著的嘉惠滋養密不可分。

維桑與梓，必恭敬止；文獻流傳，後生之責。蘇州先賢向有重視鄉邦文獻整理保護的傳統。方志編修方面，范成大《吴郡志》爲方志創體，其後名志迭出，蘇州府縣志、鄉鎮志、山水志、寺觀志、人物志等數量龐大，構成相對完備的志書系統。地方總集方面，南宋鄭虎臣輯《吴都文粹》、明錢穀輯《吴都文粹續集》、清顧沅輯《吴郡文編》先後相繼，收羅宏富，皇皇可觀。常熟、太倉、崑山、吴江諸邑，周莊、支塘、木瀆、甪直、沙溪、平望、盛澤等鎮，均有地方總集之編。及至近現代，丁祖蔭彙輯《虞山叢刻》《虞陽説苑》，柳亞子等組織『吴江文獻保存會』，爲搜集鄉邦文獻不遺餘力。江蘇省立蘇州圖書館於一九三七年二月舉行的『吴中文獻展覽會』規模空前，展品達四千多件，並彙編出版吴中文獻叢書。然而，由於時代滄桑，圖書保藏不易，蘇州鄉邦文獻中『有目無書』者不在少數。同時，囿於多重因素，蘇州尚未開展過整體性、系統性的文獻整理編纂工作，許多文獻典籍仍處於塵封或散落狀態，没有得到應有的保護與利用，不免令人引以爲憾。

進入新時代，黨和國家大力推動中華優秀傳統文化的創造性轉化和創新性發展。習近平總書記强調，要讓收藏在博物館裏的文物、陳列在廣闊大地上的遺産、書寫在古籍裏的文字都活起來。二〇二二年四月，中共中央辦公廳、國務院辦公廳印發《關於推進新時代古籍工作的意見》，確定了新時代古籍工作的目標方向和主要任務，其中明確要求『加强傳世文獻系統性整理出版』。盛世修典，賡續文脉，蘇州文獻典籍整理編纂正逢其時。二〇二二年七月，中共蘇州市委、蘇州市人民政府作出編纂《蘇州全書》的重大決策，擬通過持續不斷努力，全面系統整理蘇州傳世典籍，着力開拓研究江南歷史文化，編纂出版大型文獻叢書，同步建設全文數據庫及共享平臺，將其打造爲彰顯蘇州優秀傳統文化精神的新陣地，傳承蘇州文明的新標識，展示蘇州形象的新窗口。

『睹喬木而思故家，考文獻而愛舊邦。』編纂出版《蘇州全書》，是蘇州前所未有的大規模文獻整理工程，是不負先賢、澤惠後世的文化盛事。希望藉此系統保存蘇州歷史記憶，讓散落在海内外的蘇州文獻得到挖掘利用，讓珍稀典籍化身千百，成爲認識和瞭解蘇州發展變遷的津梁，並使其中藴含的積極精神得到傳承弘揚。

觀照歷史，明鑒未來。我們沿着來自歷史的川流，承荷各方的期待，自應負起使命，砥礪前行，至誠奉獻，讓文化薪火代代相傳，並在守正創新中發揚光大，爲推進文化自信自强、豐富中國式現代化文化内涵貢獻蘇州力量。

《蘇州全書》編纂出版委員會

二〇二二年十二月

凡例

一、《蘇州全書》（以下簡稱『全書』）旨在全面系統收集整理和保護利用蘇州地方文獻典籍，傳播弘揚蘇州歷史文化，推動中華優秀傳統文化傳承發展。

二、全書收録文獻地域範圍依據蘇州市現有行政區劃，包含蘇州市各區及張家港市、常熟市、太倉市、崑山市。

三、全書着重收録歷代蘇州籍作者的代表性著述，同時適當收録流寓蘇州的人物著述，以及其他以蘇州爲研究對象的專門著述。

四、全書按收録文獻内容分甲、乙、丙三編。每編酌分細類，按類編排。

（一）甲編收録一九一一年及以前的著述。一九一二年至一九四九年間具有傳統裝幀形式的文獻，亦收入此編。按經、史、子、集四部分類編排。

（二）乙編收録一九一二年至二〇二一年間的著述。按哲學社會科學、自然科學、綜合三類編排。

（三）丙編收録就蘇州特定選題而研究編著的原創書籍。按專題研究、文獻輯編、書目整理三類編排。

五、全書出版形式分影印、排印兩種。甲編書籍全部采用繁體竪排；乙編影印類書籍，字體版式與原書一致；乙編排印類書籍和丙編書籍，均采用簡體横排。

六、全書影印文獻每種均撰寫提要或出版説明一篇，介紹作者生平、文獻内容、版本源流、文獻價值等情況。影印底本原有批校、題跋、印鑒等，均予保留。底本有漫漶不清或缺頁者，酌情予以配補。

七、全書所收文獻根據篇幅編排分册，篇幅適中者單獨成册，篇幅較大者分爲序號相連的若干册，篇幅較小者按類型相近原則數種合編一册。數種文獻合編一册以及一種文獻分成若干册的，頁碼均連排。各册按所在各編下屬細類及全書編目順序編排序號。

孝經鄭氏注箋釋

曹元弼 撰

據上海圖書館藏一九三五年刻本影印。

提要

《孝經鄭氏注箋釋》三卷《孝經校釋》一卷，曹元弼撰。

曹元弼（一八六七—一九五三），字穀孫，又字師鄭、懿齋，號叔彦，晚號復禮老人、新羅仙吏。江蘇蘇州人。光緒二十一年（一八九五）進士。少受黄體芳器重，入南菁書院肄業，從學於禮學名家黄以周。平生致力於三禮之學，所著《禮經校釋》爲海内所推重。清末歷主湖北兩湖書院、湖北存古學堂、江蘇存古學堂等講席。辛亥革命後居家著述，以守先待後爲己任。爲中國近代著名經學家。著有《孝經學》《孝經集注》《禮經學》等。

曹元弼終生服膺鄭玄之學，先後撰《周易鄭氏注箋釋》《古文尚書鄭氏注箋釋》等書，又曾爲同道張錫恭遺著《喪服鄭氏學》撰序推介，不遺餘力。曹氏視《孝經》爲群經之樞要，一九三三年，鑒於『《孝經》古訓多亡』，鄭注散佚，始以嚴可均輯本爲鄭注底本，將《經典釋文》所載鄭注殘句殘字，『深求其意，援據舊訓，補綴成文』，撰成《孝經鄭氏注箋釋》。此書以鄭玄爲宗，廣引宋、明諸儒之説，義理申説輔以文字訓詁，通貫古今經説。此書每册刊成，曹氏即寄唐文治質正。《復禮堂朋舊書牘録存》載唐氏覆書，稱贊此書『體大思精』，『引證確鑿』，『補入鄭注零文，苦心孤詣，尤爲獨得』。

《孝經校釋》爲曹元弼研究孝經學的另一著作，此書仿劉文淇《左傳舊疏考證》之法，『校經注疏之訛文，釋經注疏之隱義』，將《孝經》唐元行沖、宋邢昺二疏分判清晰，將二疏所引前人舊義鈎稽明白，多精確不易之見。

本次影印以上海圖書館藏一九三五年刻本爲底本，兩書框皆高二十二厘米，廣十五・二厘米。

孝經鄭氏注箋釋

姪長申謹題

孝經鄭氏注箋釋 [illegible] 題

孝經鄭氏注箋釋

姪岳申謹題

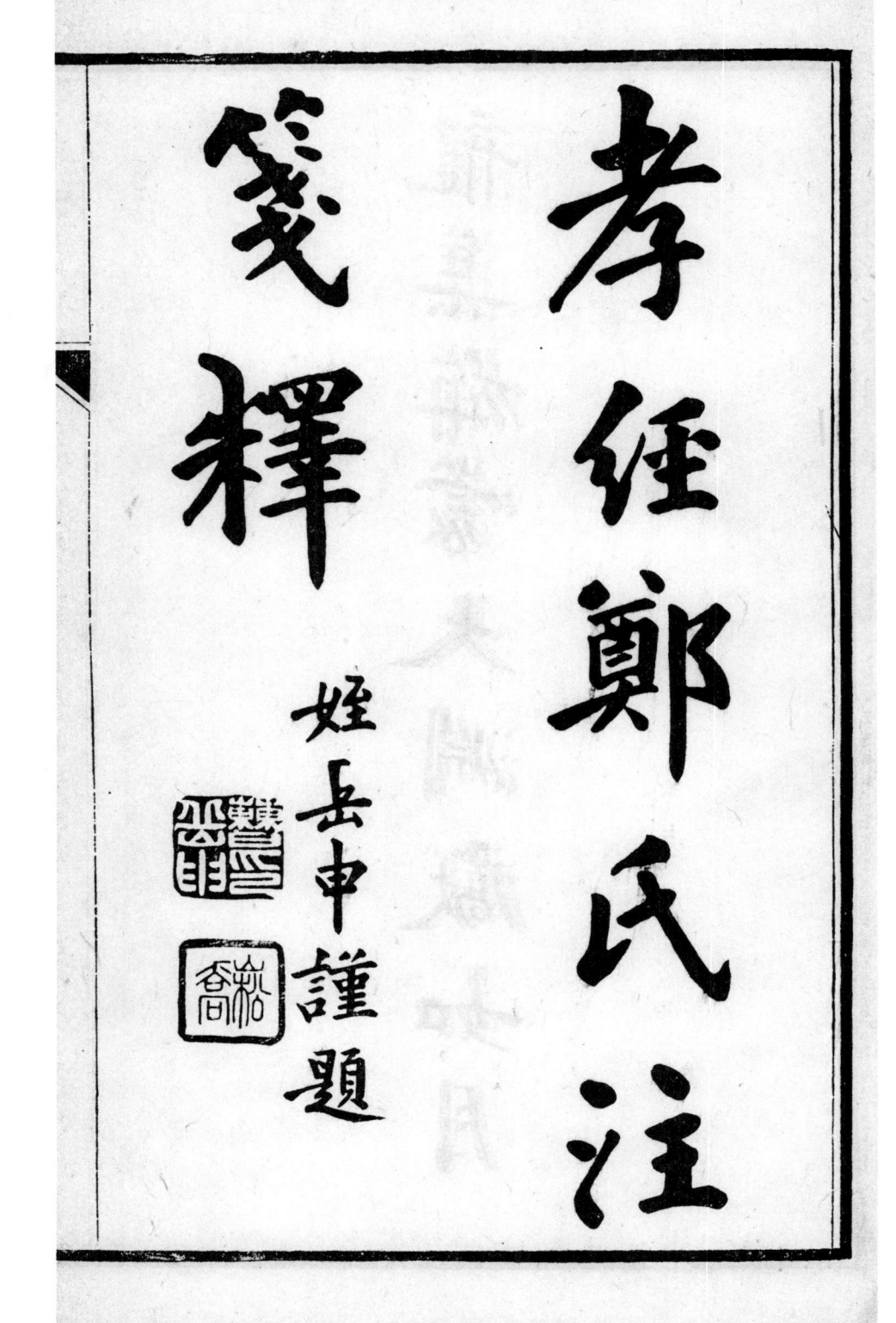

龍集旃蒙大淵獻如月

孝經鄭氏注箋釋序

賜進士出身　誥授中憲大夫翰林院編修加二級吳縣曹元弼撰

昔孔子兼包堯舜文武之盛德。著之春秋以俟後聖。遂櫽括六藝大道探本窮源而作孝經。孝經之義。本乾元坤元化育萬物所命生人之性。統上古以來聖神繼天立極保民无疆之大經大法。約以躬行至德崇人倫之實行。極憂患生民愛敬萬世之仁。揭其大原而質直言之。其道置之而塞乎天地。溥之而橫乎四海。施之後世而無朝夕。萬物並育。美利無窮。而其

實不過由孩提赤子之良知良能存養而擴充之。蓋
天所以生人人所以繼天而生生。聖人所以普天地
生德於天下萬世者。道一而已。自孔子作經以授曾
子。三千之徒備聞其說。歷子思孟子而其道益明。自
漢以來。儒者治經皆通習孝經論語。是以二千餘年
名教綱常維持不墜。人類相生以至今日。然孝經古
訓多亡。百家是非雜糅。其能開示藴奥提挈綱維於
天道至教聖人至德洞徹本原者。莫如漢鄭君。及明
黃氏道周。　國朝阮氏元。鄭君之言曰。孝經者。三才

之經緯。五行之綱紀。孝爲百行之首。經者不易之稱。又曰。至德。孝弟也。要道。禮樂也。又曰。孝弟恭敬。民皆樂之。又曰。行孝於內。其化自流於外。又曰。孔子以六藝題目不同。指意殊別。恐道離散。後世莫知根原。故作孝經以總會之。蓋孝者。元氣也。生德也。太極元氣函三爲一。天道陰陽。地道剛柔。人道仁義。陰陽。生氣也。剛柔。生質也。仁義。生德也。天地之大德曰生。民受天地之中以生。三才合於一元。元者。天地之所以爲天地。卽人之所以爲人。陰陽轉而爲五行。人秉五行之精爲五常之性。五常皆出於仁。仁本於孝。孝弟同體。孩提愛親。少長敬兄。仁之實事親。義之實從兄。禮之實節文斯二者。樂之實樂斯二者。人之行莫大於孝。而弟卽由此起。忠卽由此資。因嚴教敬。因親教愛。萬善皆由此生。人類由此相生相養相保不相殺。而天下國家可治。故曰夫孝天之經地之義民之行。天不變道亦不變。人無智愚賢不肖。見孝弟恭敬之行。無不憮然動其天良。肅然慕爲善道。是以孔子行在孝經。見而民莫不敬。言而民莫不信。行而民莫不說。

民之秉彝。好是懿德。聖人先得人心之所同然。故上古天地初開。伏羲作易定人倫。而人類卽別於禽獸。萬世孝治天下由此始。自是聖帝明王則天順民。立政立教。百世一揆。故堯舜之道。孝弟而已。三代之學。皆所以明人倫。至周公制禮而大備。春秋以元之氣正天之端。以天之端正王之政。五始大義。如天地無不持載覆幬。無非肫肫之仁由大本而來。蓋六經之教。一歸於使人相生相養相保。而相生相養相保。必由於相愛相敬。相愛相敬之本出於愛親敬親。惟愛敬盡於事親。故能於天下之人無不愛無不敬。而使天下之人無不愛吾親敬吾親。此明王所以得萬國之歡心以事其先王而天下和平災害不生禍亂不作也。此其道求之六經。觸處皆是。而統宗會元在於孝經。陳氏澧謂鄭君六藝論已佚。而幸存數言。使學者知孝經爲道之根原六藝之總會。此微言未絶大義未乖者矣。黄氏之言曰。孝經者。道德之淵源。治化之綱領也。六經之本皆出孝經。而大小戴禮記爲孝經疏義。蓋孝爲教本。禮所由生。語孝必本敬。本敬則禮從此起。又曰：孝經徵義有五，因性明教，一也；追文反質，二也；貴道德而賤兵刑，三也；定辟異端，四也；章明而享祀，五也。夫六經同歸，其指在禮，而禮之本在孝。孝以愛興，敬禮以敬治愛。孝子有惻怛深愛之情，則必以慎重至敬出之，而禮生焉。記曰：孝子之有深愛者，必有和氣；有和氣者，必有愉色；有愉色者，必有婉容。孝子如執玉，如奉盈，如弗勝，如將失之。其言形容愛敬相因而至之誠，至爲親切。此孝所以爲禮之始，而立六經之本。是卽鄭君以至德爲孝弟、要道爲禮樂

以孝經總會六藝之精義也。其言因性明教何也。聖
人施教。不別立法。但因其本性而利導之。經曰。父子
之道。天性也。生之膝下。一體而分。喘息呼吸。氣通於
親。父子至親。天性自然。惟親之至。故父母於子。拊之
畜之。顧之復之。恐其疾病。恐其不育。心誠求之。其難
其慎。而子於父母。纏緜依戀。頃刻難離。色笑仰瞻。教
令必從。自然而知尊嚴。親者天性。嚴者亦天性。聖人
因其嚴而教之敬。且推敬親之心以敬人。以極於無
所不敬。因其親而教之愛。且推愛親之心以愛人。以

極於無所不愛。聖人能使四海之內合敬同愛。以相生相養者。一因乎性而已。中庸曰。天命之謂性。所謂天性也。曰率性之謂道。因天性親嚴而爲父子之道。五達道皆由此起也。曰修道之謂教。因嚴教敬。因親教愛。而禮達於天下也。孟子道性善。孩提愛敬。善之本也。如河出崑崙虛。其正源也。乍見孺子將入於井。怵惕惻隱。善端之發見也。如導河積石。其重源也。聖人因性以立教。所謂道之大原出於天而不可易也。

其言追文反質。何也。先王之立禮也。有本有文。孝者。

本性至質，而經天緯地之文出焉。因性立教，稱情立文，則冠昏喪祭、聘覲射鄉，大而郊社明堂，細而揖讓周旋、進退酬酢，繁文縟節，無一非愛敬精意所彌綸。非是而逐末忘本，則薄於德，於禮虛。人而不仁如禮何。子曰：殷因於夏禮，所損益可知也；周因於殷禮，所損益可知也。所損益者，文也；所因者，質也。論語馬注文質據節文詳略言，此以禮之數爲文，其義爲質，理互通。記曰：禮之所尊，尊其義也。失其義，陳其數，祝史之事也。其數，文也；其義，質也。故孔子於禮極論其義，而又作孝經以明義之所從出。子曰君子博學於文約之以禮六經之文約以禮禮約以孝經孝經之義明則三代禮樂雖泯絶於秦而有王者興以至德要道順天下禮之存者可舉而行其亡者可以義起所謂五帝三王之治猶可以復也其言貴道德而賤兵刑何也聖人者代天地爲民父母以生人者也先王以至德要道順天下先之以博愛敬讓而凡有血氣之倫無不感發其善心興孝興弟親愛禮順相生相養和睦無怨四海之內皆生氣所彌綸而殺機無由作皆順氣所周浹而逆節無由萌

是以兵革不試。五刑不用。各正性命。保合大和。以協於天地之性。升。中於天。配。以父祖。惟天惟父祖所全付之赤子。無毫髮之毀傷。是謂孝治。聖人以四海兆民爲一體。如毛在躬。拔之無不知痛。故曰萬方有罪罪在朕躬。勸賞畏刑恤民不倦。孝經於天子章特引甫刑。惻然勝殘去殺。太平刑措之思。紀孝行章深重丁寧。戒孝子慎防禍亂兵刑。五刑章怵惕震動。爲萬世將自干天討者大聲疾呼。出之禽門而返諸人。出之死地而返諸生。凡欲以道德化兵刑也。董子曰。天道大者在於陰陽。陽爲德。陰爲刑。天使陽常居大夏而以生育長養爲事。陰常居大冬而積於空虛不用之處。以此見天之任德不任刑。此春秋義。卽孝經義也。夫孝德之本。刑自反此作。當時王道衰。人倫廢。刑肅俗敝。極於暴秦。窮兵酷刑。民無所措手足。而亡不旋踵。後王觀於殷周有道之長。秦無道之暴。而天下國家治亂興亡之由。斷可知矣。其言定。辟異端。何也。聖人之教。一本天經地義。順人性固有之善而導之。是以教不肅而成。政不嚴而治。六經之文。自伏羲以迄周公歷數十聖人之治數千載之久，而其爲道也一，可謂正道定理，百世不可得與民變革者矣。自夏商之衰，邪說暴行作，周末益甚，學非而博，言僞而辯，百家蠭起，其爲說不同，而歸於反易天常、傷敗彝倫則同。周禮曰：孝德以知逆惡。孟子曰：經正則庶民興，庶民興斯無邪慝。孝經舉先王至德要道以明示萬世，昭昭揭日月而行，則人心自正，邪說自息。經曰：不愛其親而愛他人者，謂之悖德；不敬其親而敬他人者，謂之悖禮。以順則逆，民無則焉，不在於善而皆在於凶德。明乎此則民知神姦。不逢不若。而忍心爲邪說者。不得以錦覆陷阱餡和酖毒陷吾民於積血暴骨之禍矣。其言韋布而享祀何也。孝莫大於嚴父。嚴父莫大於配天。此惟聖人在天位者得行之。降是則諸侯五廟。大夫三廟以下。各有定分。然大學之禮。必設奠於先聖先師。不惟其位惟其德。凡有道者有德者。死爲樂祖。祭於瞽宗。尊其道必尊其人。尊其人則榮其親。崇德報功。自古而然。若吾夫子則出類拔萃。生民未有。與天地合德。集羣聖大成。言爲世法。動爲世道經綸天下之大經立天下之大本以愛敬萬世生民自天子至於庶人莫不畏而愛之則而象之是以崇聖之祀尊及五世衍聖之緒流慶萬年德爲聖人尊爲帝王師宗廟饗之子孫保之雖志在春秋變魯興周其道未行於當時而行在孝經盡性贊化其功反賢於堯舜七十子之徒思孟諸大賢以夫子之教木鐸天下覺牖無窮自漢以來純儒若毛公伏生董子許君鄭君韓子周程張朱子之等名臣若諸葛忠武陸忠宣范文正司馬文正之等其學問德業足

羽翼聖道爲百世師資皆附日月之光隆春秋之享而子孫家廟因是推本追遠弗忘其他忠臣孝子志士仁人足以立孝敬準式爲人倫師表者後世高山景行之慕尸祝享侑流澤之光皆愈久不衰身爲聖賢之身卽親爲聖賢之親其道與天地無終極卽其身其親亦皆與天地無終極天地既有此人人卽當以其身存天地父母既有此子子卽當以其身存父母故嚴父配天雖天子所獨而大孝不匱事親如事天事天如事親則上下之通訓經以立身行道揚名

爲孝之終。此仁人孝子所當深勉也。阮氏之言曰。春秋以帝王大法治之於已事之後。孝經以帝王大道順之於未事之前。皆所以維持君臣。安輯家邦。君臣之道立。上下之分定。於是乎聚天下之士庶人而屬之君卿大夫。聚天下之君卿大夫而屬之天子。上下相安。君臣不亂。則世無禍患。民無傷危矣。論語曰。其爲人也孝弟。而好犯上者鮮矣。不好犯上而好作亂者。未之有也。君子務本。本立而道生。孝弟也者。其爲仁之本與。此章即孝經之義。不孝則不仁。不仁則犯上作亂無父無君天下亂兆民危矣春秋所以誅亂臣賊子也孟子曰何必曰利亦有仁義而已矣上下交征利千乘之國百乘之家皆弒其君不奪不厭此章亦即孝經之義孔孟正傳在此戰國以後縱橫兼并秦祚不永由於不仁不仁本於不孝故至於此也又曰孝經取天子諸侯卿大夫士庶人最重之一事順其道而布之天下封建以固君臣以嚴守其髮膚保其祭祀永無奔亡弒奪之禍即有子所云孝弟之人不犯上不作亂也使天下人人皆不敢犯上作亂

則天下永治。惟其不孝不弟，不能如孝經之順道而逆行之。是以子弒父，臣弒君，亡絶奔走，不保宗廟社稷。是以孔子作春秋，明王道，制叛亂也。蓋君臣之義與父子之道終始相維持。上古聖人欲生養保全萬萬生民，既別男女，定夫婦，以正父子之本。又博求仁聖賢人，與共司牧師保之任，辨上下，定民志，使强不犯弱，衆不暴寡，老有所終，幼有所長。天下各得保其父子，天下人人思保其子，則必爲君盡君道，爲臣盡臣道。天下君君臣臣，則自天子至於庶人各保其祖父所傳之天下國家身體髮膚。以承天休而享土利。愛親者不敢惡於人。敬親者不敢慢於人。則永無亡絶奔走之患。以孝事君則忠。以敬事長則順。更安有犯上作亂之禍。合敬同愛。則親親尊尊。以富以教。而道德學問政治禮樂由此興。合智同力。則莫大禍患無不弭平。莫大功業無不興立。而天災地妖夷狄猛獸不能殺。故天下之治。治於君臣。而本於父子。此孝經春秋相輔爲教。所以爲萬世不易之聖法也。元粥少治禮經。服膺鄭學。夙興必莊誦孝經。沈潛反覆

覺禮之宏綱細目詳節備文無非愛敬眞意所發育
流形威儀孔時藹然孝思之則合之黃氏阮氏之言
六經大義同條共貫聖學王道粲然分明惜鄭注殘
缺據臧氏庸嚴氏可均輯本補而正之爲後定一編
未及成適
欽旌節孝歸吳氏亡妹以刊孝經祈舅疾愈得效爲
校定臧本文字序其大義尋世變日亟邪說並興反
天明擾人紀承
闇師張文襄公見商竊欲以孝經
會通羣經撰孝經六藝大道錄一書以明聖教挽狂

瀾。先爲述孝一篇。公然之。而斟酌體例欲經別爲書
屬撰十四經學。覃思九年。成未及半。朱竹石師先取
已定稿之易禮孝經三學刊以行世。孰意天降大戾。
中原陸沈。閉戶絕世箋釋周易十有七年。至痛在心。
精力消耗。重以兩昆皆逝。百感塡膺。自顧衰頹。深恐
數十年治經心得遺忘銷沈。旣成大學中庸通義。復
致力孝經。考定鄭注。補其缺文。昭析區別。傳信將來。
博稽古訓爲之箋。而以積思所得貫串羣言釋之。戰
戰兢兢。如臨父母。如臨師保。覆更詳審。歷一年餘成

書三卷。嗚呼。父母既没而言孝。此人子極傷心之事。況元弼初生時。　先妣倪太夫人以　重親年高奉養至敬。馨羞潔膳。必躬必親。値家境至艱。　先考錦濤公節儉力行。積銖累寸。一以奉親。無毫髮私。夙興夜寐。絶無女使分勞。且不願假手他人。產未及旬。黽勉從事。雖　祖考温言固止之。而誠孝出於至性。服勤不知身瘁。時當孟春。寒氣入骨。遂成痛風。爲終身累。晚年數指屈而不伸。至今追思。宛然在目。痛心如刺。不肖之軀氣質素弱。自讀書外。視履動作。皆不逮

人。蒙庭訓師教。早忝科第。南北應試。遊子出門。重爲
親憂。又疾病時作。鞠育之艱。劬勞倍極。冠昏之子。憐
若嬰孩。何天不弔。寸草初榮。春暉遽謝。年二十三而
吾　母棄養。二十九而吾　父棄養。幼小旣癡頑無
知。及稍能從兩兄事親。而忽已靡瞻靡依。追維吾
祖吾　父吾　母至孝之行。曾未能率行萬一。自痛
侍奉無狀。刻肌刻骨。樹欲靜而風不停。子欲養而親
不待。悲夫。是時厥後。戚戚兄弟。相依爲命。明發有懷。
相戒無忝。而桑榆晚景。常棣凋零。獨行睘睘。顧影悽

惻。回憶當年繞牀同侍。怡怡承歡。此境何可再得。悲夫。孝道不在言而在行。夫子行在孝經。所以爲人倫之至。元弼日誦孝經數十年矣。反躬自省。怛焉內疚。以言乎事親。則鮮民之生。不如死之久矣。以言乎事

君。則受

恩深重。涓埃莫報。以言乎立身。則我猶未免爲鄉人也。曾子曰。親戚旣没。雖欲孝。誰爲孝。年旣耆艾。雖欲弟。誰爲弟。猶憶往時故同年友張君闇遠在憂服之中。與我書曰。不孝巳矣。兄當父母俱存之日。幸無負

此光陰讀之深感於心今元弼已矣願世之逮事其
親者愛惜薄暮之夕陽怵惕易晞之朝露無自失其
父母俱存兄弟無故之眞樂是以此編不憚諄諄苦
口竭誠盡言庶幾以心感心天下後世爲人子者或
有取乎此也抑又有願焉聖人之道行則天下治而
民盡樂其生廢則天下亂而民莫得其死我夫子經
論六經以孝經立其本極愛敬至誠以生萬世之人
是以歷戰國暴秦人類幾盡而後王得以撥亂反正
重活我民自漢以來天下屢亂而可復治乾坤不息

人類相生相養至今。皆我夫子天覆地載之仁。我
朝
列聖以孝治天下。
世祖章皇帝御注孝經。
聖祖仁皇帝欽定孝經衍義。
世宗憲皇帝御定孝經集注。承天顯道。繼明重光。爲
皇建有極錫福庶民之本。
聖諭十六條。首敦孝弟以重人倫。是以於變時雍之
化。比隆唐虞。長治久安二百數十年。至德要道順天

下其效大章明較著如日月中天不幸旣濟之㱿泰極反否九厄窮陰陽萬喙沸楊墨三綱橫決四海倒懸殺人如麻戰無虛歲鴟義姦宄喋血平原民之生也難矣然天心至仁人性本善聖經具在先王餘澤遺教未泯所望敦行孝弟之有道仁人體上天好生之德先聖悲憫之心順氣感人永錫爾類逢人勸之讀孝經四子書五經與子言孝與弟言弟與臣言忠與友言信非仁無爲非禮無行博愛廣敬積小致大由邇及遠推暨無窮俾宇宙患氣見晛雪消人識君

臣父子之綱，家知違邪歸正之路。馴致天下皆孝子。薄海盡仁人。凡圓顱方趾直題橫目之民。無不講信修睦。相親相遂。由匹夫之孝。一念之仁，推而至於安上治民，移風易俗，銷兵刑而興禮樂，保四海而慶兆民。堯舜之澤，洋溢中國，施及蠻貊。孔子之教，且徧行於五大洲。天之未棄斯民也，其必由此也夫。天之未喪斯文也，其必有此日也夫。

歲在閼逢閹茂季秋之月

條例

一經文字句。鄭本見陸氏釋文確然可據者。從鄭本。餘悉依唐石臺本及開成石經。

一鄭注引見本經注疏各經疏及他書者。前儒采輯略備。嚴氏可均本尤爲完具。惟嚴輯多引羣書治要所載注文。考其文義。決非本眞。焦氏循所駁猶未盡中的。今悉删去。而於釋語末每條辨其得失以祛來惑。

一釋文所出鄭注殘句殘字。既難屬讀。又有附見所出經字下云注同者。此等零文。棄之則非保殘守缺。愛禮存羊之意。存之則於經無益。反障學者心目。今深求其意。援據舊訓。補綴成文。務使讀之怡然理順。又恐舊文新補混淆。特於原有之字謹注出處。補字則狹小其體。加綫其旁。注明若干字補。俾他日傳寫。無慮訛亂。庶不失春秋傳信論語闕文之義。

一　各書所引注文。嚴氏連綴頗有條理。雖不能盡如原文。而於學者甚便。今多仍之。而離合異同。識別綦詳。俾昭晰無疑。

一禮記及周秦漢古書說孝經義說文解字引孝經古文。漢魏六朝唐人孝經注之精善者。皆引入箋。

一元疏以下先儒之說。及近儒皮氏錫瑞簡氏朝亮吾友唐氏文治之書。皆擇要引入釋語。而以己意貫串之。其間朱子刋誤。實爲千慮之失。陳氏澧論之最允。孝經學明例篇已備引之。司馬氏光范氏祖禹雖用僞古文。而義理純正。然大旨不出注疏範圍。黄氏道周集傳。精深博大。然辭高旨遠。初學不盡能明。今多引而申之。阮氏福原本家學。引據古書頗多。皮氏考據頗詳。簡氏推尋經意頗密。皆有可采。唐氏內行甚篤。其言尤足感發人之天良。往者事出萬難。橫遭牽連。元直指心。豈其有他。西河設教。所益甚巨。附論於此。

一說孝經當發明大義。感動人心。庶合聖人垂教之旨。其訓詁典章。雖不可略。要不宜失之煩碎。今博考而約舉之。俾學者與詩書禮經互求。

一唐玄宗注。元行沖疏。雖得失互見。要爲治孝經必讀之書。邢叔明校定後。於今且千年。脫文誤字與各經疏相等。今正其積譌。俾童蒙之流一覽而悟。又論其義之是非。別爲孝經校釋。學者宜與阮氏孝經校勘記合觀之。

一孝經學指示途徑。此書闡發誼理。詳略互見。相輔而行。

孝經鄭氏注箋釋目錄

鄭氏六藝論

曹元弼學

孔子以六藝題目不同。指意殊別。恐道離散。後世莫知根源。故作孝經以總會之。劉炫述義引　玄又爲之注宋均孝經緯注引　並見孝經正義

釋曰此鄭君六藝論論孝經逸文也。古者以禮樂射御書數爲六藝。而樂正以詩書禮樂造士。謂之四術。易爲筮占之用。掌於大卜。春秋記邦國成敗。掌於史官。亦用以教。通名爲經。禮記經解詳列其

目至孔子刪定詩書禮樂贊周易修春秋而其道大明學者亦謂之六藝七十子之徒身通六藝是也六藝標題名目不同如易取易簡變易不易之義詩之言志禮之言體言履之等指歸意義殊別如易明天道書錄王事詩長人情之等六藝皆以明道而言非一端時歷千載既名殊意別恐學者見其枝條之分而不知其根之一見其流派之岐而不知其源之同如此則大道離散而異端之徒且得乘間以惑世誣民充塞仁義爲天下後世大

患。故孔子既經論六經。特作孝經立大本以總會之。蓋六經皆愛人敬人使人相生相養相保之道。而愛敬之本出於愛親敬親。故孝爲德之本。六經之教皆由此生。說詳序文及卷端大題下及原道篇。云玄又爲之注者。此上當序孝經源流。而今亡矣。云又者。對先儒而言。鄭君實注孝經。愚徧考羣書論之詳。卷端題鄭氏注下及孝經學流別篇。

鄭氏孝經序

曹元弼學

孝經者，三才之經緯，五行之綱紀，孝爲百行之首，經者不易之稱。玉海四十一 僕避難于南城，太平御覽有之字 山棲遲巖石之下，念昔先人餘暇，述夫子之志而注孝經劉肅大唐新語九御覽四十二南城山太平寰宇記二十三費縣焉。陳氏鱣本有焉字嚴輯仍之今亦存以足句

釋曰：經緯以治絲喻。說文云：「經，織從絲也。緯，織衡絲也。」織必有經有緯而後成。孝者德之本，易所謂

孝經鄭氏注箋釋　孝經序論釋　三

元也元者善之長氣之始天地之所以爲天地即人之所以爲人天地以元氣成象成形人以元氣成性孝經者使人盡其性以協乎天地之性由良知良能以極於位天地育萬物如治絲之有經緯而成繒帛也春秋傳曰禮者天地之經緯民之所由生也禮始於孝其義同綱紀以綱罟喻詩棫樸箋曰張之爲綱理之爲紀董子曰五行者五行也五行之精爲仁義禮智信五常之德五常皆出於仁仁本於孝孝經者使人盡仁義之實知之節文

之樂之措之天下無所不行。彝倫攸敘。萬事得理。若綱在綱有條而不紊者也。人之行莫大於孝。萬善皆從此出。夫子特作此經以總會六藝。此天地之常經。古今之通義。天不變道亦不變者。餘詳序及大題下首章三才章聖治章。鄭君避難南城山。劉肅以爲遭黃巾之難避地徐州是也。又以此序爲鄭君裔孫所作。則自相謬戾矣。云念昔先人。此時鄭君蓋年六十餘。父已没也。餘暇避難之暇也。顛沛流離之際。思親述聖。頃刻不忘。所以爲儒者

宗。他日戒子書。因疾篤自慮。惟以親墳壟及寫定
書傳人爲念。即此意。鄭君於羣經皆先通今文。後
注古文。孝經注數典多今文說。與禮注不盡同。其
屬草當最在先。避難南城時或加修攺。故序云然。
然尚非折衷定本。學者或未盡見。故多傳疑。今考
注義淵源深遠。確得經旨。實爲古今百家之冠。必
出鄭君。或以爲鄭小同作。或以爲他鄭氏作。皆臆
說無據。卷端題下及流別篇辨之詳矣。

春秋有呂國而無甫侯。禮記緇衣正義

【釋曰】此句上下文皆亡闕。蓋就甫吕二字分別今古文說，詳天子章。

孝經鄭氏注箋釋卷一

曹元弼學

孝經　鄭氏注　孝經正義云。今所行孝經題鄭氏注。唐劉知幾曰。晉中經簿稱鄭氏解。

【箋云】子曰。吾志在春秋。行在孝經。中庸曰。唯天下至誠。爲能經綸天下之大經。立天下之大本。鄭氏曰。大經。謂六藝而指春秋也。大本。孝經也。漢書藝文志曰。孝經者。孔子爲曾子陳孝道也。夫孝。天之經。地之義。民之行。舉大者言。故曰孝經。白虎通曰。孝經者。制作禮樂。仁之本。鄭氏六藝論曰。孔子以六藝題目不同，指意殊別，恐道離散，後世莫知根源，故作孝經以總會之。劉炫述義引，宋均孝經緯注引，並見正義。

玄又爲之注。

釋曰：天道至教，聖人至德，著在六藝。孔子既經論六藝，使古先聖王愛敬生民、順治天下之道粲然分明，又提綱挈領，本躬行之實，所以體天德之元，立人倫之極。聖學王道，一以貫之。人心之所同然，百世不可得與民變革者，作爲孝經，以仁覆萬世，蓋道之大原出於天。孝者，天性也。元氏澹孝經正義云：孝者，事親之名；經者，常行之典。爾雅曰善父母爲孝禮記祭統云孝者畜也畜養也釋名孝好也周書謚法至順曰孝揔而言之道常在心盡其色養中情悅好承順無怠之義也案說文云孝善事父母者从老省从子子承老也又云老考也从人毛匕音化言須髮變白也案凡从老之字皆省匕而孝字省匕尤有精意父兮生我母兮鞠我撫我畜我長我育我顧我復我出入腹我劬勞萬端養之教之以至成立子日壯則親日衰至子能事父母而父母已老須髮變白矣故夫子曰

父母之年不可不知也而其稱曾子之事親曰常以皓皓是以眉壽孝字省匕蓋體孝子愛日之誠不忍言父母毛髮變匕也聖人製字各有至理苟識孝字則孝心自不能已而孝道亦從可知矣孝者天命之性與生俱生親生之膝下屬毛離裏血體相嫗喘息呼吸相通故人無不愛其子子無不親其親孩提之童他無所知而無不知愛其親凡人之同類相親極至以天下爲一家中國爲一人其本皆從呱呱而泣蟆蟆以動婉轉啼笑於父母

懷中。一片親愛至誠而來。所謂大人者不失其赤子之心者也。天地之大德曰生。人之所以成性。大哉乾元。萬物資始。至哉坤元。萬物資生。乾道變化。各正性命。資生德以成性也。故曰夫孝天之經地之義民之行天地之經民是則之。由是聖人因嚴以教敬。因親以教愛。而爲禮。故春秋傳亦曰夫禮天之經地之義天地之經民實則之。孝禮之始也。生民之初。有善性而不能自覺。伏羲繼天立極。作易八卦。定人倫。實爲孝治天下之始。自是五帝三王。詩書所載盛德大功。皆由此起。故堯舜之道孝弟而已。三代之學皆所以明人倫。至周公制禮而大備。周衰禮教廢。彝倫斁。至於篡弑相仍。則生理絕而殺氣熾。生民將無噍類。孔子作春秋。誅大逆以遏殺機。作孝經。明大順以保生理。蓋伏羲以來之道。集大成於孔子。六經之旨備於孝經。說文。經。織從絲也。段氏玉裁云。織之從絲謂之經。必先有經而後有緯。是故三綱五常六藝謂之天地之常經。案經本訓縱絲。引申爲常爲法。阮氏福孝經義疏補謂聖人以孝如織之有從絲。天下古今當奉之爲常法循之爲大道。故曰經。蓋織必先經而後緯。舉經可以統緯。帝王質文世有損益。此可得與民變革者也。緯也。五倫爲萬事之本。孝爲五倫之本。此不可得與民變革者也。經也。孝出於天性。古今聖愚性無不同。孝之道。置之而塞乎天地。溥之而橫乎四海。施之後世而無朝夕。聖人所以使天下相愛相敬相生相養相保而不相殺。其大本在此。所謂天不變道亦不變。六藝皆此道。故皆稱經。

禮記述詩書禮樂易春秋之教曰經解是也。聖人之書皆本天經地義此經論孝。直揭其根源。故特名曰孝經。此孔子所自名。明孝爲萬世不易之常道也。皇氏侃云。經常也。法也。此經爲教。任重道遠。雖時移代革。金石可消。而孝爲事親常行。存世不滅。是其常也。爲百代規模。人生所資。是其法也。孝爲百行之本。故名曰孝經。此孝經之名義也。黄氏道周孝經大傳序云。孝經者。道德之淵源。治化之綱領也。六經之本皆出孝經。而小戴禮記四十有九篇。大戴禮記三十有六篇。皆爲孝經疏義。蓋當時師偃商參之徒。習觀夫子之行事。誦其遺言。尊聞行知。萃爲禮論。而其至要所在。備於孝經。觀戴記所稱。君子之教也。及送終時思之類。多繹孝經者。蓋孝爲教本。禮所由生。語孝必本敬。本敬則禮從此起。阮氏元云。春秋以帝王大法治之於已事之後。孝經以帝王大道順之於未事之前。皆所以維持君臣。安輯邦家者也。君臣之道立。上下之分定。於是乎聚天下之士庶人而屬之君卿大夫。聚天下之君卿大夫而屬之天子。上下相安。君臣不亂。則世無禍患。民無傷危矣。卽如百乘之家不敢上僭千乘。千乘之國不敢上僭萬乘。則天下永安矣。且千乘之國不降爲百乘。百乘之家不降爲庶人。則天下更永安矣。論語曰。其爲人也孝弟。而好犯上者鮮矣。不好犯上而好作亂者。未之有也。君子務本。本立而道生。孝弟也者。其爲仁之本與。論語此章。卽孝經之義也。不孝則不仁。不仁則犯上作亂。無父無君。天下亂。兆民危矣。春秋所以誅亂臣賊子者。即此義也。孟子曰。何必曰利。亦有仁義而已矣。上下交征利。千乘之國。百乘之家。皆弒其君。不奪不厭。此首章亦即孝經之義。孔孟正傳在此。戰國以後。縱橫兼并。秦祚不永。由於不仁。不仁本於不孝。故至於此也。又云。論語次章有子之語。蓋兼乎孝經春秋之義。孔子之道。在於孝經。孝經取天子諸侯卿大夫士庶人最重之一事。順其道而布之。天下封建。以固君臣。以嚴守其髮膚。保其祭祀。永無奔亡弒奪之禍。即有子所云孝弟之人不犯上不作亂也。使天下庶人士大夫卿諸侯人人皆不敢犯上作亂，則天下永治也。惟其不孝不弟，不能如孝經之順道而行之，是以子弑父，臣弑君，亡絶奔走，不保宗廟社稷。是以孔子作春秋，明王道，制叛亂，明褒貶。春秋論之於已事之後，孝經明之於未事之先，其間所以相通之故，則有子此章實通徹本原之論。案古今百家說孝經者，此二家獨見其大恩，謂孝經之教，本伏羲氏通神明之德，類萬物之情，祖述堯舜，憲章文武，易詩書禮樂春秋一以貫之。蓋六經者。聖人因生人愛敬之本心而擴充之。以爲相生相養相保之實政。易者。人倫之始。愛敬之本也。書者。愛敬之事也。詩者。愛敬之情也。禮者。愛敬之極則也。春秋者。愛敬之大法也。愛人敬人本於愛親敬親。孔子直揭其大本以爲孝經。所以感發天下萬世之善心。厚其生機而弭其殺禍。故戰國暴秦積血暴骨之後。有天下者得由此以撥亂反正。勝殘去殺。天下屢亂而可復治。

聖君卒是以致隆平。不意近三十年前。邪說橫行。
要君無上。非聖無法。非孝無親。悍無忌憚。遂釀成
開闢以來未有之大亂。故聖人之道。一得於天下。
民無不足無不贍者。一物紕繆。民莫得其死。孝之
爲經。豈不大彰明較著哉。元弼當時不勝杞憂。欲
爲孝經六藝大道錄。以正人心。息邪慝。先作述孝
一篇。其文曰。天地之大德曰生。生人者。天地也。父
母也。天地父母能全而生之於始。而不能使各全
其生於終。聖人者。代天地爲民父母以生人者也。

故曰產萬物者聖。聖之言生也。聖人將爲天地生人。必通乎生民之本而順行之。故聖人能以天下爲一家。以中國爲一人者。非他。順其性而已。性者。生也。親生之膝下。是謂天性。惟親生之。故其性爲親。而卽謂生我者爲親。孩提之童。無不知愛其親也。親則必嚴。孩提之童。其父母之教令則從。非其父母不從也。父母之顏色稍不悅則懼。非其父母不懼也。是嚴出於親。親者天性。嚴者亦天性也。親嚴其親。是之謂孝。是孝者性也。性者立教之本也。

水之性流掘地而注之可以達於海火之性烈鑽燧而取之可以燎於原使人而本無性也者人之性而本不親嚴其父母也者則悖逆詐僞爭奪相殺固其所而聖人將無所施其教今人之性既親嚴其父母若是則順而推之可以無所不親無所不嚴無所不親之謂愛無所不嚴之謂敬試觀孩提愛親少長卽知敬兄由父兄而推之凡在天屬無不親也其尊長無不嚴也是卽率性而順行之親嚴可以教愛敬之明效也故曰君子務本本立

而道生。孝弟也者。其爲仁之本與。又曰。親親。仁也。
敬長。義也。仁義禮智之端。擴而充之。若火之始然。
泉之始達。苟能充之。足以保四海。苟不充之。則
不足以事父母。何也。人少則慕父母者。性也。及其
長而好色也。妻子也。仕也。嗜欲攻取。天性日漓。親
者疏而嚴者忽矣。何怪乎事君不忠。誤國殃民。犯
上作亂。覆家亡身。以災及其親乎。卽或本心無他。
而不達於道。以爲吾親則愛之。非吾親則不愛。吾
親則敬之。非吾親則不敬。不敬則慢。不愛則惡。惡

人者人亦惡之慢人者人亦慢之居上則亡爲下則刑在醜則兵毀其身危其親雖日用三牲之養其得爲孝乎若此者非無性也無教也無教則逆其性逆其性則失其生上古聖人有生人之大仁知性之大知知人之相生必由於相愛相敬而相愛相敬之端出於愛親敬親愛親敬親之道必極於無所不愛無所不敬使天下之人無不愛吾親敬吾親確然見因性立教之可以化民也推其至孝之德卓然先行博愛敬讓之道而天下之人翕

然戴之以爲君師。於是則天明。因地義。順人性。正夫婦。篤父子。而孝本立矣。序同父者爲昆弟。而弟道行矣。因而上治祖禰。下治子孫。旁治宗族。而親親之義備矣。博求仁聖賢人。建諸侯。立大夫以治水火金木土穀之事。富以厚民生。教以正民德。司牧師保。勿使失性。勿使過度。上下相安。君臣不亂。而尊尊之道著矣。聖法立。王事修。民功興。則有同講聖法同力王事同卽民功者謂之朋友。而民相任信矣。三綱旣立。五倫旣備。天下貴者治賤。尊者畜卑。長者字幼。而民始得以相生。且賤者統於貴。卑者統於尊。幼者統於長。而民不得以相殺。於是教以孝以敬天下之爲父者而子說。教以弟以敬天下之爲兄者而弟說。教以臣以敬天下之爲君者而臣說。子說則孝。孝則親愛。弟說則弟。弟則禮順。臣說則忠。忠則居官理治。且愛親者不敢惡於人。敬親者不敢慢於人。天子愛敬四海之內。則得萬國之歡心以事其先王。諸侯愛敬一國之人。則得百姓之歡心以事其先君。卿大夫士庶人愛敬其家則得人之歡心以事其親自上至下皆兢兢焉爲子臣弟少之事雖天子必有父必有兄不敢驕溢非法以取亂亡是以天下和平兆民乂安重社稷嚴宗廟守祭祀保體膚禮教興行刑措不用集天下和睦之氣升之天祖尊之至而事天明親之至而事地察大孝尊親嚴父配天普天率土各以其職生民之本盡死生之義備是謂大順大順者順其性也夫人藏其心不可測度也凡有血氣皆有爭心知者詐愚勇者威怯強者陵弱衆者暴

寡，泯泯棼棼，散無友紀，至難治也。而聖人能爲之建極錫福，達禮定分，用人之知去其詐，用人之勇去其怒，用人之仁去其貪，尚辭讓，去爭奪，一道德，同風俗者，亦順之而已矣。孟子曰：「天下之言性也，以利爲本。利者，順也。禹之行水也，行其所無事也。」教不肅而成，政不嚴而治，何事之有？蓋人之性莫不愛親敬親，故可導之以愛人敬人，所謂順也。非强之使愛人敬人，乃以各遂其愛親敬親，所謂孝也。人之相與也，譬如舟車然，相濟達也。人非人不濟。馬非馬不走。水非水不流。不仁愛則不能羣。不能羣則養不足。懷於人者人亦懷之。出乎爾者反乎爾者。故古之爲政愛人爲大。不能愛人。不能有其身。傷其身卽傷其親。故烹熟羶薌嘗而薦之。非孝也。養也。養可能也。敬爲難。敬可能也。安爲難。安可能也。卒爲難。君子之所謂孝者。愛人以愛其身。愛其身以愛其親。生則親安之。祭則鬼享之。親沒而名立。是故有弗言。言思可道。有弗行。行思可樂。將爲善思貽父母令名必果。是故居處必莊。事君必忠。莅官必敬。朋友必信。戰陳必勇。是故父之齒隨行。兄之齒鴈行。朋友不相踰。又能敬親之朋友。又能帥朋友以助敬也。是故愛人不親反其仁。禮人不荅反其敬。有終身之憂。無一朝之患。是故克己復禮。天下歸仁。出門如賓。承事如祭。己所不欲。勿施於人。在邦在家。和睦無怨。是故天子以德教光於四海爲孝。諸侯以保社稷和民人爲孝。卿大夫以守宗廟爲孝。士以守祭祀爲孝。庶人以謹身爲孝。地以平。天以成。封建以固。井田以均。軍賦以出學校以修。人才以多。官方以飭。禮俗以成。民氣以樂。冠昏以時。喪祭以嚴。朝聘以尊。處則有備。出則有威。天子守在四夷。諸侯守在四鄰。而天下莫敢有越厥志。是故天子以天下養。天子之祭也。與天下樂之。諸侯之祭也。與境內樂之。卿大夫士庶人之祭也。與宗族外姻朋友樂之。是故天子有田以處其子孫。諸侯有國以處其子孫。大夫有采以處其子孫。士食舊德之名氏。農服先疇之畎畝。商修族世之所鬻。工用高曾之規矩。其鬼神歆其禋祀。其民人享其土利。是故上好仁而下好義，事有終而財不匱。上之使下，如父兄之畜子弟，耳目之役手足。下之事上，如子弟之衛父兄，手足之捍頭目。開誠心，布公道，集衆思，廣忠益，爲天下得人，以定天下之業，以斷天下之疑，四方有患，必先知之。至明也。作內政，寄軍令，明恥教戰，信賞必罰，將帥協和，少長有禮，說以使民，民忘其死，無事則順治，有事則無敵，至强也。躬行節儉，爲天下先，務財訓農，通商惠工，地無餘利，人無餘力，家給人足，養生喪死無憾。至富也。備物致用。立成器以爲天下利。知者創物。能者世守。博師萬物。精益求精。黃帝用蚩尤之五兵。武王收肅愼之楛矢。通其變。神其化。至巧也。天下即有卒然大患。而上下相親。人心固結。合天下之謀以爲謀。何詐之不破。合天下之力以爲力。何强之不服。天下人人出其財。何用之不足。天下人人竭其巧。何器之不利。天子勞心以拯生民之災。庶人效死以急君父之難。九年之水。七年之旱不能殺。鬼方之師。昆夷之患不能病。是故勞勤心力耳目而不必爲己。節用水火財物而不必藏於己。人不獨親其親。不獨子其子。老有所終。壯有所用。幼有所長。窮民有所養。男有分。女有歸。天地位。萬物育矣。此順之實也。孝之至也。故曰人之行莫大於孝。聖人之德無以加於孝。蓋聖人者。爲天地生人者也。人非父母不生。亦非君不生。何也。爪牙不足以供嗜欲。趨走不足以避利害。無毛羽以禦寒暑。苟無君焉爲之興利除患養欲給求。人之類必滅。欲既得矣。飲食則有訟。訟則有衆起。

人人有賊人自利之心。橫行無忌之勢。苟無君焉爲之區處條理勞來鎮撫。人之類亦必滅。故君者。生人之大者也。天下一日無君。則猛虎長蛇人立而搏噬。上下不交而天下無邦。非無邦也。原野厭人之肉。川谷流人之血。邦無人也。聖人取類以正名。而謂君爲父母。謂民爲赤子。赤子離父母而能生者。未之有也。故曰父者子之天也。君者臣之天也。聖人作爲父子君臣以爲紀綱。所以生人也。故孝子事君必忠。君臣之義。與父子終始相維持。天下君君臣臣而後人人得保其父子上下各思永保其父子而後爲君盡君道爲臣盡臣道君臣父子各盡其道則天下相愛相敬以相生養保全永無弃亡篡奪生民塗炭之禍是之謂孝治夫天下至大也治天下至難也以一孝順之而千萬人之心如一心以千萬人之性本一性也能盡其性卽能盡人之性故謂之至德要道三皇五帝禹湯文武成王周公未有不由此者孔子兼包其盛德以爲孝經而仁覆萬世矣○又案孔子作孝經爲道

濟萬世之本。而苟非其人。道不虛行。以曾子有至孝之德。口授之業。問荅既畢。筆之爲經。或孝道深大。討論非一日之言。曾子隨時敬録。大義既備。夫子審正其文而定其名。聖心心相印。曾子所録既一如夫子本語。又由夫子筆削盡善以成定本。故太史公鄭君皆以爲孔子作。曾子之學純乎孝經。故論語所載曾子之言。皆與孝經相表裏。大學論誠意以一誠貫明明德親民止至善。而止至善之實在仁敬孝慈信。齊家治國之要在孝以事君弟以事長慈以使衆。平天下絜矩之道在使民各遂其興孝興弟不倍之願。大戴記立事等十篇。皆推衍孝經之旨。子思本之作中庸。發首言性道教。即孝經父子之道天性因嚴教敬因親教愛之義言道不遠人在子臣弟友。因歷說舜之大孝武王周公之達孝。以天下之達道五爲脩身立政之本。歸於至誠經綸大經立大本。以春秋孝經之義明孔子之德。孟子又本之作七篇。道性善。以孩提愛親少長敬兄爲人之良知良能仁義之實。其論舜之至孝。深得聖人之心。足以感發萬世人子之天良。而外書有孝經之目。蓋孟氏之徒闡發孝經之言。此聖學之正傳也。曾子既受孝經。游夏之徒常資稟。三千子及後學者蓋無不聞其說矣。阮氏福云。孝經早行於周秦之閒。故蔡邕明堂月令論引魏文侯孝經傳。并引孝經經文孝悌之至三十字。續漢書祭祀志注亦引魏文侯傳。呂氏春秋先識覽引諸侯章高而不危所以長守貴也三十八字。不但此也。禮記經解卽引孔子曰安上治民莫善於禮。是孝經文也。案喪服四制亦引士章喪親章文。魏文侯受經於子夏。呂覽集當時儒者爲之。漢初陸賈新語亦引開宗明義章文。是雖經秦火。諸儒傳習弗替。逮河閒顔貞出其父芝所藏本。長孫氏博士江翁少府后倉諫大夫翼奉安昌侯張禹傳之。各有説。是爲今文。經十八章。蓋孔曾以來相傳定本。而古文孝經出孔子壁中。二十二章。劉向校書省除繁惑。定從十八。桓譚新論云。古孝經千八百七十二字。今異者四百餘字。意者秦禁時。將孔子所删之餘，零文斷簡，合并藏之，未加分别，致多複重，或後學者傳寫有複雜，故異文如此其多。而子政以爲繁或歟，古文孝經與尚書禮記等並出孔壁，孔安國惟獻尚書，孝昭帝時魯國三老始獻古文孝經，建武時給事中衛宏校之，皆口傳，官無其説，許君叔重始撰具其義，馬融亦爲古文孝經傳，鄭仲師韋宏嗣皆有孝經注，惜皆亡，孔曾微言大義，漢師所傳，惟鄭氏注尚可考見崖略，其源流之詳，語在愚所爲孝經學流别篇。○鄭氏者，先師漢大司農鄭君名玄字康成北海高密人尚書僕射鄭崇之後身通六藝與聖合契遭世衰亂安貧娛親躬耕供養卓操擅勢義不受污箋注羣經窮理盡性其作孝經注蓋最在羣經之先以孝經必童而習之注文較他注淺顯後或更加修改而未寫定弟子未盡傳習敘録家或佚其目後人遂多疑難至阮氏元始舉出郊特牲正義王肅難鄭孝經注一條陳氏澧曰此肅所難是康成注明矣可謂確據鄭注盛行南北朝詩荀昶集解以鄭爲

主。陸澄致疑。王儉正之。至劉炫僞撰古文孔傳。隋
及唐初與鄭並行。道明皇作注。而鄭注與僞孔傳
皆微。袁氏鈞云。崇文總目稱孔注前世與鄭並行。
今孔不傳。陳振孫言鄭注世亦少有。乾道中。熊克
袁樞得之。刻於京口。南宋尚有其書。不知何時佚
也。此書以鄭志目錄不載。先儒多疑非鄭作。唐開
元中。劉知幾請行孔廢鄭。司馬貞議謂今文孝經
注相承云是鄭元。孔傳近儒妄作。與鄭注優劣懸
殊。曾何等級。司馬之言韙矣。萬歲通天初。史承節

爲鄭君碑。具載鄭君所注解。仍有孝經。孔賈諸疏亦並引用。是當時從鄭注者衆也。六藝論云。元又爲之注。是鄭已自言可信。陸氏作孝經音義。據鄭氏解。唐元宗注。襲鄭者疏必曰此依鄭注。兼他所徵引。尚可十得七八。陸氏疑孝經注與康成注五經不同。細案之實未見其不同也。案孝經注明見後漢書鄭君本傳。范氏世傳鄭學。必無謬誤。鄭君解經多稱注。謂注義於經下。若水之注物。晉中經簿孝經題鄭氏解者。或鄭君注孝經在羣經前。尚未與他經一例定名。或傳寫本異。要之此注經緯聖典。感動人心之語甚多。實爲百家之冠。必出鄭君。梁皇侃、唐孔穎達、賈公彥作疏。蓋皆疏鄭注。元疏或多祖述其說。今薈萃古今。并抒數十年心得，以發神恉，互詳孝經學。

開宗明義章第一　釋文依鄭注本，章名項格，今從之。章下次第數目。依唐注本增，旁書以示區別。

釋曰　元氏曰：開，張也。宗，本也。明，顯也。義，理也。言此章開張一經之宗本，顯明五孝之義理也。章者，明也。謂分析科段，使理章明。說文：樂歌竟爲一章，章字從音從十。謂從一至十，十，數之終。諸書言章者，蓋因風雅凡有科段，皆謂之章焉。案：漢書藝文志言今文孝經十八章，古文孝經二十二章。隋書經籍志言劉向校經，比量二本，除其煩惑，以十八章爲定。漢書匡衡傳引大雅曰：無念爾祖，聿脩厥德。孔子著之孝經首章。則孝經分章舊矣。但每章之名，不知始於何時。元疏謂子政定從十八而不列名，荀昶集注及諸家並無章名，而孝經緯援神契有天子至庶人五章之目。當時所行鄭注本及皇侃疏皆有章名。蓋諸家或詳或略。竊謂章名於經義甚密合。必七十子之徒所傳。此章注云方始發章以正爲始。次章注云書錄王事故證天子之章。分章題名。鄭本固然。此第一章總舉大義。餘章廣而成之。元彌嘗撰孝經脈絡次第說云。孝經大例有二。曰脈絡。曰次第。一經一緯。皦如繹如。其本皆出於首章。首章曰先王有至德要道。德者愛敬也。愛敬及天下。謂之至德。孝弟是也。道者。所以行愛敬者也。愛敬一人而千萬人說以興愛興敬。謂之要道。禮樂是也。廣至德廣要道章明之曰以順天下。至德要道出於天命之性。不學而能。不慮而知。聖人治天下不別立法。但因人心所固有者而利導之。是以教不肅而成。政不嚴而治。三才章明之曰民用和睦上下無怨。民愚而不可欺。賤而不可犯。術馭勢迫。倒行逆施。則怨而以詐相遁。術窮勢竭而禍亂遽起。惟因人心之所同然順而行之。則合敬同愛而上下安。協智同力而災患息。君民一體。父子相保。是謂大順。孝治章明之曰夫孝德之本也教之所由生也。德者。愛敬也。教者。教愛教敬也。至德要道元出於孝。愛敬之本由於父子天性。因嚴可以教敬。因親可以教愛。聖人推愛親敬親之心以愛人敬人。使天之所生地之所養無不被吾愛敬。告成功於天祖。尊之至而事天明親之至而事地察。不過盡孝之能事。聖治章明之而感應章申述之。反是則本實先撥。枝葉必傾。悖德悖禮。亂臣賊子以私恩小惠要結徒黨。遂其逆節。將使生民塗炭。積血暴骨。災害禍亂。莫知所底。是以春秋誅大逆。孝經明大順。皆以絕惡慢之原。立愛敬之本。教自順此生。刑自反此作。聖治章明之。而五刑章極言之。曰孝之始。孝之終。愛親者不敢惡於人。敬親者不敢慢於人。愛親敬親。孝之始。不敢惡慢於人。以保守天下國家身名者。孝之終。天子不毀傷天下。諸侯卿大夫不毀傷國家。士庶人不毀傷其身。文武之道。天下後世爲法。反是則幽厲之名。百世不改。殷周有道則長。秦無道則暴。諸侯以

下皆然。故孝無終始而患不及者未之有。天子至
庶人五章明之。不幸而有不能終始於愛敬之道
者。則子必爭。臣必爭。友必爭。俾不及於失天下失
國家失身名之患。諫爭章明之。曰夫孝始於事親。
事孰爲大。事親爲大。守孰爲大。守身爲大。不失其
身而後能事其親。紀孝行章明之。事生者易。事死
者難。惟送死可以當大事。喪親章特明之。曰中於
事君。聖人所以生天下萬世之人者在教孝。而所
以使人各保其父子以遂其孝者在教忠。故資於

事父以事君而敬同事君章明之盡忠匡救君臣一體存亡休戚與同忠焉能勿誨乎諫爭章互明之曰終於立身孝弟忠順之行立而後可以爲人君子也者人之成名成身則成親必至立身揚名而後不敢毀傷者爲貭無所毀傷廣揚名章明之孝始於事親則家治中於事君則天下治終於立身則萬世頼以治反是則不事親者非孝無親矣不事君者要君無上矣不立身者非聖無法矣要君非聖非孝三者相因皆不孝之罪事親事君立

身三者備。乃完孝之行。故曰夫孝德之本也。聖人
之德無以加於孝。此孝經之脈絡也。首章言孝之
始孝之終。因陳天子至庶人行孝終始之事。故天
子以下五章次之。天子至庶人皆推愛親敬親之
心以愛人敬人。以保其祖父所傳之天下國家身
體髮膚有慶無患。孝道之大如此。非聖人强以教
人。乃本於乾元坤元繼善成性。天生烝民有物有
則。所謂道之大原出於天。故三才章次之。聖人則
天順民因性立教。則人人與孝與仁。上下各致其

愛敬之實。以興利除害。相生相養相保。不敢有一人之惡慢以災及其親。故孝治章次之。夫如是則四海之内無一物不得其所。升中于天。配以父祖。仁人事天。孝子事親之能事畢。故曰君子務本。本立而道生。聖人盡其性以盡人之性。綏之斯來。動之斯和。致中和。位天地。育萬物。其所因者本。故聖治章次之。聖人愛敬天下之極功。本於愛親敬親。教愛因親。教敬因嚴。孝之大義既畢。乃陳事親守身之節目。故紀孝行章次之。失其身而能事親者未之聞。孝始於守身。不孝始於忘身。充忘身之極。則無惡不爲。且不愛其親而愛他人。不敬其親而敬他人者。包藏禍心。悖德悖禮。勢必殫殘聖法。無父無君。爲生民大患。聖人愛敬天下。所以不得已而用刑。故五刑章次之。罪莫大於不孝。行莫大於孝。惟孝故順民如此其大。而爲禮之始。聖人以孝弟禮樂爲教。禮之大義。尊尊親親長長。而其所以爲教。則躬立爲子爲弟爲臣之極。本諸身而徵諸民。故廣要道廣至德章次之。孝弟忠順之行立。則

身修而名自立於後世故廣揚名章次之慈愛恭
敬安親揚名孝道備矣復陳諫爭之義以結天下
國家身名而感應章長言永歎孝弟之至繼以事
君章亦事父事兄事君相次而喪親章終焉此孝
經之次第也三才章則天因地以順天下以天治
人也聖治章因嚴教敬因親教愛以人治人也廣
至德章非家至而日見之以己治人也三才以下
三章由己達之天下廣要道以下三章由天下而
反之身聖人立言從心所欲左右逢原從容中道

脈絡分明而往不息。根本盛大而出無窮。學者沈潛反覆。自覺天良發不可遏。一若春陽生乎方寸而和氣塞乎天地閒者。肫肫焉。淵淵焉。浩浩焉。神而明之。存乎其人。存乎德行也。或曰。今之十八章。固孔子之舊次歟。曰。今文相傳無異本。古文簡札有複重雜亂。劉子政以今文正之。不聞先後異序也。其文首尾貫串。如繫辭中庸。豈有後人更定者哉。又案孝經言先王以孝順天下之大道。惟天子至庶人五章。以分之尊卑著德所及之廣狹。餘皆統論大義，上施德教，而民則象之，理通上下，非獨如皇氏、元氏所舉首章紀孝行、諫諍、喪親等四章而已。

仲尼居，曾子侍。釋文：居，如字。

居，居講堂也。釋文：今本釋文兩居字作凥，涉上引說文而誤。今據陸標經字訂正。

箋云：史遷說孔子字仲尼，曾參字子輿，孔子以爲能通孝道，故授之業，作孝經。子曰：孝經屬參。陶淵明五孝傳曰：至德要道，莫大於孝，是以曾參受而書之，游、夏之徒，常咨稟焉。居，許氏說文解字作凥。

曰尻。處也。从尸得几而止。孝經曰。仲尼尻。尻。謂閒居。陸氏曰。曾子。孔子弟子。卑在尊者之側曰侍。【釋】【疏】元氏說。夫子以六經設教。隨事表名。雖道由孝生。而孝綱未舉。將欲開明其道。垂之來裔。會參之孝。因閒居爲之陳說。（二句節引。略變其義。）建此兩句以起師資問荅之體。案夫子自標己字者。史記孔子世家稱孔子父叔梁紇母顏氏禱於尼丘山而生孔子。生而首上圩頂。故因名曰丘。字仲尼。春秋傳說名子之禮所謂以類命爲象。名字相應。經發首稱

字。蓋以符聖父類命之意。大孝終身之慕。卽此可
窺下稱子者。作經垂示萬世。故從弟子通稱之號。
與易大傳同。曾子亦稱子者。重其秉德傳道。同爲
人倫師表也。古者稱師曰子。卽夫子之省文。而子
亦士大夫之通稱。見禮經甚備。孟子書每章自題
孟子。而弟子賢者樂正子公都子等亦稱子。古書
體例固然。若春秋之義。字不若子。則聖人秉筆意
各有在。無容泥。且孔子稱字又稱子。曾子稱子又
稱名。亦其差。或者曾子本作曾參。如禮運上書仲

尼下書言偃之比。至曾氏之徒子思樂正子春等乃讀爲曾子。後學傳寫因之。據陶淵明說此經曾子所書而正定於夫子。則上標師字以表聖人之作。下書己名以明親承指授。固其宜矣。子思作中庸首稱仲尼曰。次稱子曰。取法於此。夫子之字。本以玗頂象尼丘取義。史記索隱云玗頂。言頂上窳也。故孔子頂如反宇。反宇者。若屋宇之反。中低而四傍高也。皮氏錫瑞孝經鄭注疏云。白虎通聖人篇曰。孔子反宇。是謂尼甫。說文。屔。反頂受水丘也。

孝經鄭氏注箋釋　卷一

則𡰥正字尼假借字。釋文尼文音夷字作𡰥。古夷字案夷平也圩頂反宇夷聖人盛德若虛正平之至尼𡰥正字作𡰥古書多用假借尼夷音近或又假古夷字作𡰥。要以作尼爲正。毋敢輒書異體若劉瓛述張禹之義謂仲者中庀者和此蓋當時或後學因夫子有中和之德就其字而推衍贊美之。遂傳於此言詳中庸通義說文稱古文孝經作𡰪。正字今文作居假借字。釋文依鄭本作音出經居字音如字而別云說文作𡰪則鄭注作居可知禮記有仲尼燕居孔子閒居。對文燕閒別。散則通稱居。皆謂退朝在家。非承祭見賓安閒之時耳。古者士大夫有正寢有燕寢。燕寢以居家人。正寢則見賓客行禮之處。夫子講學正在此。故曰講堂。禮宮室之制。堂中以北後楣下爲室爲房。或燕居在堂。閒居在室。言講堂則皆統之矣。曾子侍。或獨侍。或有諸弟子並侍。而曾子之席獨近夫子。故夫子與之問荅。而諸子拱聽。如論語一貫呼參之比。○舊疏稱孔子殷之後。帝嚳子契爲堯司徒。有功。封於商賜姓子氏後世孫湯代夏爲天子及周武王代殷封微子啓於宋宋閔公有子弗父何長而當立讓其弟厲公何生宋父周周生世子勝勝生正考父爲宋卿生孔父嘉嘉別爲公族故其後以孔爲氏孔父嘉生木金父木金父生皐夷父皐夷父生防叔避華氏之禍而奔魯防叔生伯夏伯夏生叔梁紇紇生孔子案契敷五教功垂無窮湯有聖德微子仁人弗父讓國春秋傳稱爲聖人有明德者漢書古今人表列在第一正考父三命茲益恭孔

父嘉正色立朝。君亡與亡。叔梁公有勳績於魯。天生聖人於世德之後。秉禮之國。聖人承天立人倫之極。制作六經。忠孝之教。昭示萬世。前人之光炳乎天地之閒。立身行道。顯親揚名。生民以來未之有也。○嘉慶中。嚴氏可均據日本所刊羣書治要輯孝經鄭注。義多可疑。今附錄每節。釋語末。論其得失。此節注云。仲尼。孔子字。曾子。孔子弟子也。此學者所共知。各家之通訓。

子曰。先王有至德要道。以順天下。

禹三王最先者。釋文　案聖人百世同道，六字取語未竟。中庸注義補。凡鄭注殘句，今深求其意，補綴成文，使初學可屬讀，恐與原文相混，既於當句下明言幾字補，又狹小其字，加圈，亦使學者易識也。

至德，孝悌也。要道，禮樂也。釋文　箋兩旁以嚴區別

云陸氏曰：子，孔子也。古者稱師曰子。曲禮曰：必則古昔稱先王。陸賈新語云：孔子曰：有至德要道以順天下，言德行而其下順之矣。愼微

民用和睦，上下無怨。女知之乎？汝。釋文　女音汝，本或作汝。臧氏庸云：石臺本、唐石經、今本皆作汝。岳本作女，依釋文改。

箋云書鄭說睦，親也。注堯典　禮記鄭說上謂君也，下

謂臣也。中庸注春秋傳曰。上下皆有嘉德而無違心。

釋曰先王。先代聖王。自伏羲以至文武皆是。孝經舊說主禹。鄭君傳其義。詳下。孔子語曾子言古先聖德之王躬行至極之德要約之道以順天下人心而化導之。天下之人用是和親。上而君下而臣民無違心相怨者。汝能知其義乎。此數語爲全篇論孝發端。稱先王者。天降下民。作之君。作之師。孔子論孝道必稱先王。即春秋發首書王之義。以上治下。以聖治愚。以祖宗訓孫子。一出言而法祖尊王之義昭若揭日月而行萬世彝倫於是敘焉此聖人所以爲人倫之至也至德要道天地之經而民是則之聖人先得人心之所同然耳有者有諸己順者因其固有而利導之黄氏道周孝經集傳云順天下者順其心而已天下之心順則天下順矣又云至德要道本皆生於天因天所命以誘其民非有强於民也據三才章義夫子見世之立教者不反其本將以天治之故發端於此阮氏云孔子志在春秋行在孝經其稱至德要道之於天下也不

曰治天下。不曰平天下。但曰順天下。順之時義大矣哉。孝經順字凡十見。順與逆相反。孝經之所以推孝弟以治天下者。順而已矣。故曰先王有至德要道以順天下。民用和睦。上下無怨。又曰夫孝天之經也。地之義也。民之行也。天地之經而民是則之。則天之明。因地之利。以順天下。又曰教民禮順莫善於悌。又曰非至德其孰能順民如此其大者乎。是以卿大夫士本孝弟忠敬以立身處世。故能保其祿位。守其宗廟。反是則犯上作亂。身亡祀絕。

春秋之權所以制天下者。順逆閒耳。曾臧齊慶皆逆者也。此非但孔子之恆言也。列國賢卿大夫莫不以順逆二字爲至要。是以春秋三傳國語之稱順字者最多。皆孔子孝經之義也。不第此也。易之坤爲順也。易之稱順者最多。亦孔子孝經春秋之義也。詩之稱順者最多。亦孔子孝經春秋之義也。禮之稱順者最多。亦孔子孝經春秋之義也。聖人治天下萬世不別立法術。但以天下人情順逆敘而行之而已。故孔子但曰至德要道以順天下也。

案德者。性之德。人受性於天。有仁義禮智信五德。而孝爲行仁之本。是爲至德。道者。率性之道。天下之達道五。禮之大經。是爲要道。經至德要道語意渾含。鄭以孝弟禮樂指實之者。據下廣至德章言孝弟。廣要道章言孝弟又言禮樂而統歸於禮。蓋孩提之童無不知愛其親。及其長也無不知敬其兄。孝則必弟。孝弟皆須禮以行之。樂與禮同體。孟子曰。仁之實事親是也。義之實從兄是也。禮之實節文斯二者。樂之實。樂斯二者。傳曰。孝。禮之始也。

大本謂之孝。故曰至德。達道謂之禮。故曰要道。禮之大義。尊尊也。親親也。長長也。人人親其親長其長而天下平。故民用和睦。上下無怨。先王之治務在和睦無怨。堯典九族既睦。協和萬邦。黎民於變時雍。堯之舉舜。克諧以孝。是以五典克從。四門穆穆。周公嚴父配天。四方民大和會。皆以孝順天下和睦無怨之事。天下治亂。視乎人心聚散。聚則治。散則亂。聚則强。散則弱。聚則富。散則貧。聚則知。散則愚。和睦無怨則聚。怨而不和則散。先王因人心之固有導之相愛相敬而天下如一家中國如一人各竭其聰明材力以相生相養相保莫大災患無不弭乎莫大功業無不興立是以聖王在上不言富而天下莫富焉不言强而天下莫强焉其所因者本也唐氏文治孝經大義序說中庸曰立天下之大本大本者何孝是也又曰中也者天下之大本喜怒哀樂之未發藹然悱惻纏緜不可解而已斯人所以生之機也故孟子曰樂則生矣生則惡可已也惡可已則不知足之蹈之手之舞之人

子之於父母，繫於悱惻纏緜不可解之天性，故家庭之間，一愛心而已矣，一和氣而已矣。和於家庭而後能和於政治，和於政治而後能和於光天之下至於海隅蒼生。人情莫不樂生，君子本此悱惻纏緜不可解之性，擴而充之於萬民，於是和氣滋生機日暢，而千古之人道乃不至於滅息，此孝道之大所以推之四海而準也。孔子曰：我志在春秋，行在孝經。孝經春秋相爲表裏，春秋誅伐天下之亂臣賊子，孝經培養天下之忠臣孝子。甚哉孝道之大也有子曰其爲人也孝悌不好犯上作亂犯上作亂殺機也近世家庭之際日囂日薄喪失本眞於是恣睢殘忍殺機日出而不窮夫殺機多則生機窒生機窒而人道滅於是造物遂以草薙禽獮者待之嗚呼恫孰甚焉易傳明訓天地之大德曰生天下萬世爲人子者儻能葆此悱惻纏緜不可解之至性好生之德洽於寰區庶幾天下和平災害不生禍亂不作孝子不匱永錫爾類經綸天下大本在是矣案陸賈新語云德行而其下順之

者簡氏朝亮孝經集注述疏謂人性皆善。天下本自順者以此順之。孟子言舜之孝瞽瞍厎豫而天下化是也。天下有不順者亦以此順之而順。孝弟則不好犯上作亂是也。愚謂此節㯶括六藝先王順天下之道而歸本於孝。大學之道所在在此中庸性道教之謂謂此。吾道一以貫之。孝經之於羣經。其猶易六十四卦之有乾元乎。○注云禹三王最先者。案洪範言鯀湮洪水。彝倫攸斁。禹乃嗣興。彝倫攸敍。貫生言禹以孝立教。天下聖禹而神鯀。

當堯之時。天下未平。禹敷下土。民有攸居。然後契爲司徒。教以人倫。故後世禮樂制度。取法虞夏之際。喪服祭法悉定自禹。春秋通三統。中庸曰。考諸三王而不謬。至德要道。百世不與民變革。周因於殷。殷因於夏。三王道同。言禹而湯文可知。且孝經述禹之道德。而嚴父配天特稱周公。孔子自謂行在孝經。禮記載子言亦以舜禹文王周公並稱。孟子言天下治亂。特歸撥亂興治之功於禹周公孔子。論孔子之功在春秋。三聖同功。春秋孝經同道。

孟子此說實出二經徵言。足明鄭義所本。蓋三皇五帝開闢草昧之治成於禹。殷周有道之長良法美意開於禹。自古天下之治莫盛於堯舜。而地平天成皆禹之功。自是天子得博施備物。庶人皆得竭力耕田。以盡其孝。故孔子曰吾無閒然。聖人百世同道。言禹而堯舜以上湯文以下皆統之。此必古孝經家相傳舊聞。鄭君著之。皇侃孔穎達賈公彥皆以孝經爲夏制。又由此推衍。然孝道百王所同。經直稱先王。不指何代。劉炫於孝經好難鄭。若注以先王專指禹宜在所怪而炫無言疑鄭既用舊說更有足成之語故今取中庸注補之學者擇焉○釋文引注下云案五帝官天下三王禹始傳於子於殷配天故爲教孝之始此蓋陸氏申鄭語於殷配天或當作以父配天五帝官天下禹始傳子舊義未盡詳愚所爲禮運說下又云王謂文王也此別一義謂王肅以經先王爲文王與鄭不同也嚴氏可均孝經鄭氏解輯並引以附鄭注失之或可王謂之王當作亦約注義既稱禹而亦兼指

文王也〇治要引注云以用也睦親也至德以教之要道以化之是以民用和睦上下無怨也義無違失

曾子辟席曰曑不敏何足以知之釋文辟音避注同本或作避曑所林反案辟今本作避據釋文則注中有辟字曑今本作參

辟見釋文席離席三字據禮記注義補敏猶達也儀禮鄉射記疏釋文敏達也不言鄭云然則釋文之訓雖不明云鄭多本鄭義可知【箋】曲禮曰侍坐於君子君子問更端則起而對鄭氏云離席對敬異事也君子必令復坐又曰長者問不辭讓而對

非禮也。鄭氏云，當謝不敏，若曾子之爲。【釋】凡侍於君子，必見顏色而言。時曾子或獨侍，或與諸子竝侍，而最近夫子，見夫子顏色辭氣向己，故避所坐之席，起而對曰「參性不敏」，達，何足以知此至要之義。禮，君子問更端起對。此發端自當起。凡君前臣名，父前子名，師前弟子名，故曾子自名。長者問，皆當辭讓而對，況以大道相授乎。故謙言不敏，以待夫子之訓。夫子語之，以其能通孝道，正其敏也。兩引曲禮者，明聖賢一言一動無非禮也。曑，本曑星字。从晶。或省作曑。隸變作參。阮氏曾子注釋云許慎讀森若曾參之參。所林反。晉灼讀參爲宋昌參乘之參。初三反。古音相近。不假分別。阮氏福云曑星取三星相連之義。參乘取三人同輿之義。其實曑星參乘皆有三字之義。而三曑驂亦皆同音。案字子輿義取驂乘。而驂乘之驂本從曑星或省之曑得聲得義。古多假參字爲之。故曾子名義取驂而字作曑。許君引以明森字之讀也。○治要引注云參名也。參不達六字。

子曰。夫孝。德之本也。釋文。夫。音符。注及下同。

夫據釋文。注有此字。今姑屬下讀之。人之行莫大於孝。故爲德本。明皇注。疏云。此依鄭注。

教之所由生也。

【釋文】韋氏曰。言教從孝而生。明皇注。疏云。依韋。

復坐。吾語女。釋文。復。音服。注同。坐。在卧反。注同。

孝道深廣。非立可終。故令十字補。復坐語之。二字補。據釋文。注有復坐二字。今取元疏義。上下共補十二字。

【釋曰】夫者。承上起下引申指說之辭。上言至德要道。尚未明指其實。曾子既謝不敏，夫子乃明言之曰：夫孝，德之根本也。聖人以道覺民，教之所從生也。蓋人之行莫大於孝，愛親者不敢惡於人，敬親者不敢慢於人，親親而仁民，仁民而愛物，孝爲百行之本，天性之善，是至德也。率性之謂道，脩道之謂教，因嚴教敬，因親教愛，而禮興焉。治人之道莫急於禮，而孝爲禮之始，是要道所從出也。上注以至德爲孝弟，要道爲禮樂，孝弟同體，禮樂同體。孝者，制作禮樂，仁之本，禮樂之所以爲要道者，本於孝。故記曰：衆之本教曰孝子曰夫孝德之本明乎其爲至德也曰教之所由生所謂本立而道生明乎要道生於至德統言之則至德要道一孝而已教者禮教也聖人之教一禮而已其本一孝而已延叔堅曰夫仁人之有孝猶四體之有心腹枝葉之有根本也論語言孝弟爲仁之本德之本即仁之本本立而道生道生即教生是以孝弟則不好犯上作亂而天下無不仁之禍上文所謂至德要道以順天下也黃氏云本者性也教者道也本立則道生道生則教立先

王以孝治天下本諸身而徵諸民禮樂教化於是出焉簡氏朝亮說論語云中庸之爲德也其至矣乎中庸云舜其大孝也與德爲聖人言至德也孟子云堯舜之道孝弟而已矣孝則必弟堯舉舜以父頑母嚚象傲克諧以孝孝該友言則諸德皆該故曰德之本也堯以司徒職試舜而五典克從五典者司徒五教也孟子云父子有親君臣有義夫婦有別長幼有序朋友有信是也五教必先以父子有親者本乎孝也舜身教以孝則五典能從而

無違教也故曰教之所由生也案五教卽天下之達道五禮之大經而孝其大本也左傳以父義母慈兄友弟恭子孝爲五教蓋詳於家庭之間孝弟慈之道下云內平外成則五倫皆統之矣夫孝二句明至德要道之義先王所以順天下而和睦無怨者其意已包含而其道須詳說故令曾子復坐而語之語告也所語在下○周禮有至德敏德孝德三者相次黃氏云雖有三德其本一也蓋至德敏德卽孝德之推廣造極以地言則至德謂聖人

博施備物之孝。如堯舜文武周公孔子。敏德謂大賢尊仁安義之孝。如曾閔直言孝德。則思慈愛忘勞。能養竭力。弗逆弗怠。如潁考叔之錫類。卽足以當之。以理言。則孝爲德之本。聖人之德無以加。三德皆本於孝。故孝經以孝爲至德。詳中庸通義。○治要引注云。人之行莫大於孝。故曰德之本也。教人親愛莫善於孝。故言教之所由生。引廣要道章以證教所由生。與上注義合。改民爲人。似出唐人舊本。或此書不盡無據。過而存之。在別其義之是非而已。

身體髮膚，受之父母，不敢毀傷，孝之始也。

父母全而生之，己當全而歸之。明皇注 元疏 祭義樂正子春曰：吾聞諸曾子，曾子聞諸夫子曰：天之所生，地之所養，無人爲大。父母全而生之，子全而歸之，可謂孝矣。不虧其體，不辱其身，可謂全矣。故君子頃步而弗敢忘孝也。壹舉足而不敢忘父母，壹出言而不敢忘父母。壹舉足而不敢忘父母，是故道而不徑，舟而不游，不敢以先父母之遺體行殆。壹出言而不敢忘父母。是故惡言不出於口。忿言不反於身。不辱其身。不羞其親。可謂孝矣。【釋曰】自此以下詳語孝道。此兩節舉孝之始終。以發其端。下云孝始於事親。孟子說不失其身而後能事其親。孔子荅哀公云。不能敬其身。是傷其親。故守身又爲事親行孝之始。身。一身也。體。四肢也。髮。毛髮也。膚。皮膚也。舉大小而備言之。愼重懇誠之至也。毀。謂虧辱。傷。謂損傷。言身體髮膚皆受之於父母。不敢稍有怠慢以致毀傷。是孝之始也。蓋子之身父母之身也父母生之劬勞何極設有毫末之毀傷父母之心痛怛憂急甚於身受刺膚子傷其身而父母并大傷厥心矣曰不敢者顧念怵惕之至情也論語云父母惟其疾之憂又云君子懷刑又以一朝之忿忘身及親爲惑孟子言君子以仁存心以禮存心人待我以横逆君子必自反故無一朝之患及祭義哀公問曾子十篇所言謹身之道皆不敢毀傷之義阮氏福云孔子爲弟子講學日以不敢二字爲義孝經十八章自天子至庶人

凡言不敢者九曾子謹守孔子之訓故曾子十篇凡言不敢者十有八論語曾子曰戰戰兢兢如臨深淵如履薄冰而今而後吾知免夫即不敢毀傷之義案聖賢學問帝王事業皆基於不敢不敢之心以事天則小心翼翼也以事君則夙夜匪懈也以治民則小人難保往盡乃心無康好逸豫也以治軍則臨事而懼好謀而成曰討國人日討軍實而申儆之也世衰道微人心思亂敢於忘親敢於背君敢於棄身敢於縱欲敢於廢弛暴棄而生民

之禍亟矣。黃氏謂毀傷者何。暴棄之謂也。未有暴棄而不至於毀傷者。不敢毀傷則愛親以愛其身。而立身有不能已矣。若夫殺身成仁。舍生取義。此則立身行道之極。遇變而不失其正。非毀傷也。臨大節而不可奪。所以爲全受全歸。文文山之而今而後吾事畢矣。與曾子之而今而後吾知免夫得正而斃一也。○又案不敢毀傷。以此身受之父母。有我身而後能事我親也。故曾子曰。君子不登高。不臨深。險塗隘巷。不求先焉。以愛其身。以不敢忘其親也。又曰。孝子遊之。暴人違之。出門而使不以或爲父母憂也。凡孝子之愛其身。皆以爲親也。世衰道微。驕奢淫泆。放辟邪侈。忘身以貽親憂者。固毀傷之甚。或自私其身。好貨財。私妻子。不顧父母之養。其視屬毛離裏之親。若秦越之不相屬。其身雖存。其心已死。其貌雖人。其實已禽獸。其爲毀傷尤莫大焉。人孰無良。清夜思之。其亦知寸膚一毛皆何自來乎。

立身行道。揚名於後世。以顯父母。孝之終也。

德行立於己五字用鄭君戒子書補。父母得其顯譽者也。釋文者也本誤倒作也者今正。【箋云】祭義曰：君子之所謂孝也者，國人稱願然曰：幸哉有子如此，所謂孝也已。哀公問孔子曰：君子也者，人之成名也，百姓歸之名，謂之君子之子，是使其親爲君子也，是爲成其親之名也已。【釋曰】孝子之事親有窮，而事親之心無窮。記曰：養可能也，敬爲難；敬可能也，安爲難；安可能也，卒爲難。父母既没，愼行其身，不貽父母惡名，可謂能終矣。故孝以立身揚名爲終，言能直立其身。

仰可戴天俯可履地殊絶於横生旁折之類躬行孝弟忠順之道內有實德揚名及於後世以光榮其父母是孝之終也皇氏云生能行孝沒而揚名德譽能光榮其父母也唐明皇注云立身行此孝道自然名揚後世光榮其親案廣揚名章言孝弟忠順理治是以行成而名立道即要道中庸所謂君子之道四天下之達道五冠義所謂孝弟忠順之行立而后可以爲人孝統百行行道皆以行孝行道者立身之實名所由揚人情莫不欲其子之

賢故傳曰。愛子教之以義方。又曰。子之能仕。父教之忠。魯敬姜曰。斯子也。吾以將爲賢人也。立身而至於揚名。庶幾不忝所生矣。人無百年不敝之身。身没而名立。則身不没。親亦不没。天之所生。地之所養。無人爲大。名存則身存。身存則親與生我之天養我之地俱存。故曰仁人事親如事天。事天如事親。孝子成身。人受天地之中以生。其形題直正當天地。立德立功立言。則與天地參。故身曰立。萬物皆備於我。盡性踐形。目可極天下之明。耳可極天下之聽，盡其性以盡人之性，則親親之仁、敬長之義達之天下。忠信篤敬，行乎蠻貊，故道曰行。聖人愛敬天下之心無窮，必使萬世之人永被其愛敬。言爲世法，動爲世道。一舉其名而三綱五常繫焉。故性善必稱堯舜，而人心皆有仲尼。名存則道存，道存則萬世之天下無弱不可强，無亂不可治。天見其明，地見其光。日月可掩食而不可損其明。夫是之謂揚名。論語曰：君子疾没世而名不稱焉。又曰：君子去仁，惡乎成名。易曰：善不積不足以成名孟子說君子有終身之憂舜人也我亦人也舜爲法於天下可傳於後世我猶未免爲鄉人是則可憂皆其義○黄氏云教本於孝孝根於敬敬身以敬親敬親以敬天不敢毁傷敬之至也爲天子不毁傷天下爲諸侯大夫不毁傷家國爲士庶不毁傷其身持之以嚴守之以順存之以敬行之以敏無怨於天下而求之於身然後其身見愛敬於天下身見愛敬於天下則天下亦愛敬其親矣故立教者終始於此也案孝經推愛親敬親之心以

極於愛敬天下。天下國家之本在身。身受於親。敢不敬乎。不敢毀傷守身以事親也。立身行道。成身以成親也。孝以不毀爲始揚名爲終。則非法不言。非道不行。一舉足不敢忘父母。一出言不敢忘父母。居上不敢驕爲下不敢亂。在醜不敢爭。所求乎子以事父。所求乎臣以事君。所求乎弟以事兄。所求乎朋友先施之。不敢不勉。愛日以學及時以行。不敢不力。教人不敢不誠。莅官不敢不敬。戰陳不敢不勇。君父之憂生民之患萬世之名教綱常四海之內兄弟之顛連而無告者之身家性命不敢不引爲己任。如此爲孝。則始乎爲士。終乎爲聖人。天子至庶人皆如此爲孝。則上下各隨其分以盡其愛敬。內順治而外無敵矣。○古經傳多以身名並言。易傳於困之三曰名辱身危。正此兩節之反。積惡而至於滅身。毁傷之極也。積善而至於成名。行道之極也。鍾氏文烝謂論語曾子有疾二章。上章是不敢毁傷之義。下章是立身行道之義。近之。元氏云不敢毁傷。闔棺乃止。立身行道。弱冠須明。

經言始終。明兩行無怠。略示先後。案由謹身而至於立身成德。由安親而至於揚名無窮。始終一貫。本無分限也。○注父母得其顯譽。上有闕文。後漢書載鄭君戒子書云。顯譽成於僚友。德行立於己志。本此經義。今據補。顯譽二字兩文相應。亦此注出鄭君之一證。

夫孝。始於事親。中於事君。終於立身。

父母生之。是事親爲始。（卌疏作四十。今本釋文據葉林宗鈔本與疏同。）（依釋文改。強作彊。臧輯）而仕。是事君爲中。七十行步不逮。縣車以上六字嚴輯依釋致仕是立身爲終也元疏案文加審其文義良是疏云鄭玄以爲是約義不盡如原文特識於此餘可例推箋云太史談說夫孝始於事親中於事君終於立身揚名於後世以顯父母此孝之大者夫天下稱誦周公言其能論歌文武之德宣周邵之風達太王王季之思慮爰及公劉以尊后稷也釋曰上言孝之始終則百行皆已包舉而移孝作忠尤人倫之至重故遂乘其文而歷說之曰夫孝始於事親不失其身則能事其親孝主於事親也中於事君資於事父以事君也

終於立身。忠孝道備，則百行皆完，幼壯孝弟，耆耋
好禮，雖事親已抱鮮民之痛，事君或病膂力之愆，
而言行足範，彝倫，國人皆有矜式，斯身立而孝成
矣。鄭注據曲禮內則，以八年始終略論其常，黄氏
云：始於事親，道在於家，中於事君，道在天下，終於
立身，道在百世。爲人子而道不著於家，爲人臣而
道不著於天下，身殁而道不著於百世，則是未嘗
有身也。未嘗有身，則是未嘗有親也。天子之事天，
亦猶是矣。詩曰：我其夙夜，畏天之威，于時保之。保

身之與保天下。其義一也。案黃氏說通達正大。與鄭義相引申。劉炫以人君無終顏天不立爲難。豈知道在百世。卽終於立身。經文無所不包。注舉常以該變。焉得禦人以口給乎。太史談以此節與上文合引并含有下節之意。先漢人說經大義往往如此。下引周公述文王之德以戒成王之詩。聖治章稱聖人之德無以加於孝特言周公其人。此行孝之極則也。○案孝經言孝而切切以事君爲訓。曰中於事君。曰夙夜匪懈以事一人。曰資於事父

孝經鄭氏注箋釋　卷一

以事君而敬同。曰君取其敬。曰以孝事君則忠。曰父子之道天性也君臣之義也。曰爲下不亂。曰要君者無上。曰敬其君則臣說。曰教以臣所以敬天下之爲人君者。曰事親孝故忠可移於君。曰當不義則臣不可以不爭於君。而結以事君章。蓋君臣者。人治之大。天下一日無君則弱肉强食。爭奪相殺。生民莫得保其父子。故孝經大義在天子至庶人各盡其愛敬。君明臣忠。上仁下義。以各保其祖父所傳之天下國家身體髮膚。如此則君君臣臣父父子子而天下大治。故孝子事君必忠。孝弟之人不好犯上作亂。爲仁天下之本。所謂聖法者如此。聖人之所以爲聖人。以其奠安萬世之父子君臣也。亂臣賊子欲致難於君父。必先殫殘聖法。是以往者大懸未作之先。黜周王魯素王改制之誣說。先已簧鼓鼎沸。豈知春秋討亂賊。孝經明君臣父子大義。聖人至教自相表裏。炳如日星。且孝經言以孝順天下之道必推本先王嚴父配天特稱后稷文王周公。中庸述孝經春秋之義。曰非天子不議禮不制度不考文。曰吾學周禮今用之吾從周。曰憲章文武。尊王之義。所以立人倫之極。而維天地之經。布在方策。豈奸逆所能誣。特風俗日非。人心好亡。惡定。凶德悖禮之說橫流日甚。胥天下而裂冠毀冕拔本塞源。浩刼彌天殺機徧地。不勝爲乾父坤母之赤子憂耳。然則如之何而可。曰君子反經而已矣。聚百順以事君親。明聖法以息邪暴而已矣。○又案。事親事君立身。三事相維。要君非聖非孝。三禍相因。不孝不弟。則本心已死。何惡不爲。事君不忠。則誤國殃民。爲蠻夷寇賊莠民邪說之先驅。聖道不明。則是非無正。而無父無君橫行無忌撥亂反正。匹夫之賤以天下爲己責。在家則敦行孝弟無忝所生。出則竭至忠以濟國。本博學以爲政。處則守死善道。立言誨人。扶植名教發人天良。禦災捍患庶有萬一之助乎。○注卌字郎四十之并。盧氏文弨云廣韻二十六緝有卌字。先立切。引說文云數名。今直以爲四十字。丁氏晏云。卌即四十字。隸釋載漢石經論語年卌見惡可證。

案行步不逮。言年衰執事趨走力有所不逮也。白虎通致仕篇云。縣車示不用也。注義所本。

大雅云。毋念爾祖。聿脩厥德。釋文。毋音無。本亦作無。案今本作無。爾今本作爾。隸變筆迹小異。

雅者。正也。方始發章。以正爲始。疏

無念。無忘也。釋文

箋云 詩毛傳曰。無念。念也。聿。述。匡衡上疏曰。大雅曰。無念爾祖。聿脩厥德。孔子著之孝經首章。蓋至德之本也。釋曰 孝爲德之本。人所以不敢爲惡。以失身。務行道以立身。君臣之義所以能維持天下。

使上下和睦無怨者皆起於不敢忘父母之一念
故引大雅以明之大雅者詩體類之一詩之義有
六而風雅頌三者其體類雅者正也正以行政政
有小大故有小雅大雅此詩大雅文王之篇周公
美文王受命作周以教戒成王也無念念也念則
弗忘故鄭取爾雅義云無忘也爾爾成王祖謂文
王也詩言王可無念爾祖乎念之則當述脩其德
矣所謂孝者善繼人之志善述人之事也推而廣
之凡人皆然元疏云凡為人子孫者常念爾之先

祖當述脩其功德是也。上言事親，此言念祖者，念親則自念祖，萬物本乎天，人本乎祖，念親則念祖。念祖則顧諟天之明命矣。述脩祖德，即自成己德，而身立道行，惟念故脩。祭義云：一舉足一出言不敢忘父母。內則云：將為善，思貽父母令名，必果；將為不善，思貽父母羞辱，必不果。易傳於蠱之初曰：意承考也。於五曰：承以德也。皆念而脩之也。夫子引此詩，即先王以至德要道順天下之實據。脩起於念，故稚圭以為至德之本。念即大學之誠意正心。中庸之思脩身思事親。脩卽大學之脩身以明明德於天下。中庸之脩身以道脩道以仁。聖賢之言皆本詩書古訓也。黃氏說。詩曰。商之孫子。其麗不億。上帝旣命。侯于周服。爲八上者。一不敬而墜七世之廟。毀傷一人而毀及百世之宗。君子敬身如敬天。周家三世皆有孝德。乃命於天。紂謂己有天命。謂敬不足行。謂祭無益。謂暴無傷。其道正反。故君子脩德敬身之爲貴也。案引詩無念。與上文言不敢神理一貫。黃說深得經指。〇注云方始發章以正爲始者。諸章引詩但稱詩云。而首章引文王之詩獨標大雅。此卽春秋大始正本之義。孔子尊周。憲章文武。周以文王爲大祖。禮樂法度所自出。故春秋元年春王正月。傳曰。王者孰謂。謂文王也。孝經首章引文王之詩以證孝德。故曰文王旣没。文不在兹乎。文王之道一於正。故易首言元亨利貞。乾元正而天下治。春秋五始以元之氣正天之端。以天之端正王之政。正其本萬物理。人君正心以正朝廷百官萬民四海。致中和位天地育萬

物其大本在孝大雅所述文王之德教政治是也
大雅者大正也大正者正本也孝經開宗當名見
義豈偶然哉毋念注述經作無念毋無通注以無
釋毋也詩作無左傳文二年趙成子引作毋○治
要引注云大雅者詩之篇名案大雅是詩之體類
非篇名也禮記注於國風大雅等皆無釋此注與
彼不例又云無念無忘也聿述也修治也爲孝之
道無敢忘爾先祖當修治其德矣案無忘之訓見
釋文聿述本毛傳脩治中庸注同此數語義無違

失然釋文於事字引爾雅循也述也不稱鄭云似可疑

天子章第二

釋首章既舉孝之始終此以下五章遂言天子至庶人皆當終始於孝各隨其分以行愛敬則能永保其祖父所傳之天下國家身體髮膚有慶無患天子至尊皇建有極錫福庶民故首明之曲禮曰君天下曰天子表記曰惟天子受命於天白虎通曰天子者爵稱也爵所以稱天子何王者父天

母地爲天之子也。又說帝王俱稱天子。案春秋傳曰。天生民而立之君。使司牧之。勿使失性。又曰。天之愛民甚矣。天子者。天之子。孝子之事親。先意承志。父母之所愛亦愛之。父母之所敬亦敬之。凡父所爲。必奉承而敬行之。不敢不如父之意。天子者。繼天以爲民父母。生天地之所生。愛天地之所愛。使不失其性者也。故天子之孝。必使天覆地載之內。百姓四海盡被其德教。則其所以事親者。卽其所以事天也。夫然故事親如事天。事天如事親。事父孝則事天明，事母孝則事地察，而嚴父配天之禮興焉。全經多言天子以孝順天下之道，而此章其綱要。

子曰：愛親者不敢惡於人，釋文：惡，烏路反。注同。舊如字。

不敢〔補二字〕惡〔釋文〕於他人〔三字補，據釋文注有惡字。今以此經合聖治章文。〕上下共補五字，並補下一句六字。箋：魏氏曰：博愛也。明皇注、元疏

敬親者不敢慢於人。

不敢慢於他人。補　箋：魏氏曰：廣敬也。注疏　韋氏曰：天子居四海之上，爲教訓之主，爲教易行，故寄易

行者宣之。疏

愛敬盡於事親。而德教加於百姓。形于四海。釋文。形。法也。字又作刑。案法當爲見。依鄭注爲訓。

形見。釋文。見。賢遍反。下同。德教流行。四字取感應章注補。見釋文於四海。三字補。釋文云下同。則注復有見字。今以經文合之成句。箋云形。或爲刑。唐

明皇曰。刑。法也。

蓋天子之孝也。

蓋者。謙辭。疏天覆地載謂之天子。八字依諸侯卿大夫章注例用白虎通引孝經緯文補。箋云孝經緯曰。天子孝曰就。言德被

天下。澤及萬物。始終成就。榮其祖考也。疏釋曰：首章總舉大義。此以下分陳五孝。語更端。故稱子曰。以一子曰統五章者。皇氏謂明尊卑貴賤有殊。而奉親之道無二。亦由自上而下。文勢相承也。愛親者不敢惡於人。敬親者不敢慢於人。愛敬。孝之至情。禮之所由起。此二句爲全經要旨。五孝通義。言愛其親者不敢憎惡於他人。推愛親之心以愛人。是博愛也。敬其親者不敢怠慢於他人。推敬親之心以敬人。是廣敬也。惟愛親敬親。故能愛敬他人。

源之遠者其流長根之茂者其實遂愛親者溫厚慈祥視虐戾不仁之事其心惻隱不忍如嚮燎之必避故不敢惡敬親者愼重恭巽視怠傲忘身之行其心怵惕不安如臨谷之將墜故不敢慢且愛人者人恒愛之敬人者人恒敬之其身見愛敬於天下則天下亦愛敬其親反是而惡人者人亦惡之慢人者人亦慢之出乎爾者反乎爾者災及於親矣故孝子不敢也聖治章曰不愛其親而愛他人者謂之悖德不敬其親而敬他人者謂之悖禮

與此文反正相明。人卽他人。後章不敢遺小國之臣。不敢侮於鰥寡。不敢失於臣妾。居上不驕。爲下不亂。在醜不爭。皆不敢惡慢於人之事。孔子曰。古之爲政。愛人爲大。不能愛人。不能有其身。君子無不敬也。敬身爲大。不能敬其身。是傷其親。皆與此經同義。愛敬二字爲孝經之大義。六經之綱領。六經皆愛人敬人之道。而愛人敬人出於愛親敬親。愛親敬親。孝之始。不敢惡慢於人。孝之終。禹思天下有溺者由己溺之。稷思天下有飢者由己飢之。

四海之內有一物不得其所。卽天子惡慢之。四境之內有一人不得其所。卽諸侯惡慢之。推之卿大夫士庶人於官守職業有一未盡。卽惡慢也。卽孝無終始將使患及其身以及其親也。如此爲孝。敢不敬乎。孝經之義。自天子至庶人。自有生至沒身。終始於敬以盡其愛而已。愛敬非有二義。有惻怛護惜之心。必有愼重敦勉之意。父母之於子。愛之至也。惟其至愛。故扶持保抱顧復拊畜。心誠求之。不知勞瘁。如執玉。如奉盈。所謂敬也。反而思之。愛

敬可知矣。擴而充之。愛敬無窮矣。愛親者不敢惡
於人。敬親者不敢慢於人。五孝所同。而天子者立
愛敬之極者也。故首發之。愛敬盡於事親以下。乃
專言天子之孝。盡。盡其道也。德者。愛敬也。教者。教
愛教敬也。加。猶施也。百姓。中國百族庶民也。形。見
也。後章云光於四海。書云光被四表。皆形見之義。
或作刑。訓法。形見則遠方皆法之。感應章注云。德
教流行。莫不被義從化。義相引申。愛敬盡於事親。
凡行孝者皆當然。而天子以百姓四海爲一體。則

其所以盡愛盡敬者。必深篤至極。而後心德之普施。身教之錫類。能無遠弗屆。且天子之孝。以天下養。得萬國之歡心以事其先王。必至百姓四海皆被其德化其教。而後事親之愛敬乃無不盡。孟子稱老吾老以及人之老。幼吾幼以及人之幼。推恩足以保四海。禮運稱老有所終。壯有所用。幼有所長。鰥寡孤獨廢疾者皆有所養。此德之加於百姓形于四海也。大學稱上老老而民興孝。上長長而民興弟。上恤孤而民不倍。孟子稱舜盡事親之道而天下化。又稱西伯善養老。制其田里。教之樹畜。
導其妻子使養其老。文王之民無凍餒之老者。傳
稱文王之朝。士讓大夫。大夫讓卿。其野耕者讓畔。
行者讓路。班白不提挈。此教之加於百姓。形于四
海也。愛敬之大。天覆地載。無所不包。蓋天子之孝
然也。黃氏云。天子者。立天之心。立天之心。則以天
視其親。以天下視其身。以天視親。以天下視身。則
惡慢之端無繇而至也。愛敬盡於事親。而惡慢消
於天下。惡慢不生。中和乃致。故愛敬者。禮樂之本。

中和之所繇立也。愚謂天子以天下爲體。惟天惟祖宗全付有家。百姓有過。在予一人。四方有敗。必先知之。凡養民理財用人治兵。周官六典。中庸九經。皆天子德教之實。必使百姓四海人人被其愛敬之德。人人順其愛敬之教。皆愛親敬親以相愛相敬。合敬同愛。備物致用。足食足兵。無敵順治。而後全受於天祖者爲無所毁傷。而後一人有慶無患。否則秦隋之暴。固惡慢。周末之衰。亦惡慢矣。天子者。以一人之心力庇萬萬生靈之身家性命者也。故孝經言治天下之道在順而所以順之者在敬。即易乾坤之義。終日乾乾自強不息所以萬國咸寧保合大和。君健而天下順也。上章云夫孝德之本教之所由生德。教析。言則德行於己教施於人。統言則謂以德爲教。韋氏云天子爲教訓之主。謂君子之德風。小人之德草。天子愛敬盡於事親。則於天下之人無不愛無不敬。而百姓四海皆化其德教。各愛親敬親以相愛相敬矣。故愛敬爲上下通義而首於天子章宣之。義大同。◯皇氏云。愛敬各有心迹。烝烝至惜。是爲愛心。温凊搔摩。是爲愛迹。肅肅悚悚。是爲敬心。拜伏擎跪。是爲敬迹。案愛敬皆至情内結而發於外。所謂誠也。孔子告子游子夏以敬養色難。皆使愛敬合一以致其誠。内則說子婦適父母舅姑之所。下氣怡聲。問衣燠寒。疾痛苛癢而敬抑搔之。出入則或先或後而敬扶持之。問所欲而敬進之。惟愛之至。故無不敬。推此以及人。愈懇誠則愈慎重。阮氏釋敬曰。古聖人造一字。必有一字之本義。本義最精確無弊。敬字从敬从攴茍。茍篆文作茍，音亟。非苟音狗也。茍卽敬也。加攴以明擊敕之義也。警从敬得聲，得義，故釋名曰：敬，警也。恆自肅警也。此訓最先最確。蓋敬者，言終日常自肅警，不敢怠逸放縱也。故周書謚法解曰：夙夜警戒曰敬。虞翻易逸象曰：乾爲敬。易曰：君子終日乾乾，夕惕若厲。書曰：節性惟日其邁。曰邁者，曰乾乾也。周書以無逸名篇，國語敬姜論勞逸之義爲千古至言。孔子歎之，此敬姜之所以爲敬也。敬字古訓以肅警無逸爲義。凡服官之人、讀書之士當終身奉之。案愛立於敬。孝經言不敢。卽敬字之義。愛敬一出於誠。事親之道乃盡。否則反諸身不誠。不順乎親矣。愛敬者。誠意正心脩身聖學之基。齊家治國平天下王道之所自出也。○又案孟子言天子不仁不保四海。諸侯不仁不保社稷云云。正發明五孝之義。所謂孝無終始患及其身也。孝經於諸侯以下皆著然後能保守之文。見反是卽不能保守。於天子獨不然者。諸侯以下之不保。或由於上之削黜。天子則至尊無上。當時王室衰微。

天下乖戾。無君君之心。聖人志在尊王。故總著其
義於後。而深沒其文於此。所以辨上下定民志。卽
春秋書王以制叛亂之意。且引書甫刑特見刑字。
有奉天子誅亂賊之義。所謂春秋作而亂賊懼。春
秋天子之事。於此見矣。○釋文惡烏路反。舊如字。
舊謂陸氏以前舊音。善惡之惡。好惡之惡。本一義
引申。一聲相轉。陸氏始詳別之。形于之于。各本皆
同。感應章通於神明二句。亦上作於下作于。依孝
經論語字例。當並作於。臧氏謂于字乃涉詩刑于

之文誤改。庶人章疏作加於百姓刑於四海。當據以訂正。然經文用字容有錯出。不敢輒改。注云蓋者謙辭。謂謙若不敢盡之辭。○治要引注云愛其親者不敢惡於他人之親。又云己慢人之親。人亦慢己之親。故君子不爲也。案經言不敢惡慢於人。非言不敢惡慢於人之親。凡人皆不敢惡慢則人之親自在其中。如所引注義轉狹矣。皮氏謂注足經意。然經文自足。何待附贅。此蓋因紀孝行章釋文出注不敢惡於人親一語。衍一親字。致此誤耳。

又云盡愛於母盡敬於父。案經凡言親者皆兼指父母。聖治章疏以舊注愛敬分屬父母爲失。若鄭注此章先已云爾。元氏早當駁之。士章資於事父以事母而愛同。非敬專屬父愛專屬母也。又云敬以直內義以方外。故德教加於百姓也。案文言二語。與此經各自爲義。鄭以經證經。從未有如此牽合者。此數條皆殊可疑。又云形見也。德教流行見四海也。此則義理允當。與釋文及感應章注並合。若皆如此。則信原文矣。

甫刑云。一人有慶。兆民賴之。

甫刑。尚書篇名。六字用表記注補。引譬連類。文選孫子荊爲石仲容與孫晧書注引辟。云或作譬同。釋文作引類得象。書錄王事。故證天子之章。疏云。鄭注以書錄王事故證天子之章以爲引類得象嚴氏合諸選注所引連綴如此。雖未必盡如原本。要於文義爲順。今從之。億萬曰兆。天子曰兆民。諸侯曰萬民。五經算術上。嚴云。甄鸞引此但云孝經注。知鄭注者。隋經籍志云。周齊唯傳鄭氏。

【箋】云。詩毛說。一人。天子也。下武傳。慶。善。皇矣傳。禮記孔氏說。天子有善。民皆蒙賴之。緇衣疏。

【釋】引書以證天子之孝。元氏云。慶。善也。言天子一人有善。則

天下兆庶皆倚賴之。案一人有善。即愛敬盡於事
親也。由是愛敬之德包含徧覆。愛敬之教淪浹廣
被。百姓四海無不得其所。故兆民賴之。元氏又云。
舊說。天子自稱予一人。言我雖處上位。猶是人中
之一。謙也。臣人稱之。惟言一人。言四海之內惟一
人。尊稱也。案一人之善爲兆民所賴。極見爲天下
君者所繫之重。慶訓善。亦訓福。黃氏云。易曰。來章
有慶。譽吉。慶譽皆孝也。皆福也。天子以孝事天。天
以福報天子。兆民百姓則其膚髮也。又何不利之

有。孝經各章皆引詩。此獨引書。且特見刑字者。祭義云。樂自順此生。刑自反此作。阮氏福謂一人有慶二句。本言德言順之正語。但引篇名而見刑字。則寓有反是之義。反與順相對。堯典所云堯舜之道。以孝德治天下而生其順也。尚書載呂刑者。古天子不得已作刑而制其反也。五刑章五刑之屬三千罪莫大於不孝。卽反言不順之義。正與此引甫刑之義顯然相證。案當時王室道衰。亂賊橫行。孝經於天子章特引書甫刑。蓋見尊王以制叛亂之義。且甫刑雖言刑辟，而其辭哀矜惻怛，不勝恤刑之仁。與康誥相類。春秋之末，天子微弱，陪臣放恣，德教無聞，刑肅俗敝。上失其道，民散久矣。夫子欲變魯尊周，使天子德教光於四海，而兆民無即於刑。正與甫刑恤刑之意相合。刑者，起於人心之相惡慢，以孝德化之，則惡慢盡消而刑可措矣。首章引大雅，此章引書而特稱甫刑，皆有精義。餘章通引詩，則惟取其語意相當而已。甫刑，書作呂刑。此經及禮記引甫刑語，皆在呂刑篇，是甫即呂。考周語太子晉說。天祚禹以天下。賜姓曰姒。氏曰有夏。祚四嶽國。賜姓曰姜。氏曰有呂。韋注謂堯封禹於夏。封四嶽於呂。說文呂下云。大嶽爲禹心呂之臣。故封呂侯。詩毛傳謂四嶽之後。於周有申有甫有齊有許。然則呂國之封在唐虞之際。歷夏商至周。書稱惟呂命。則穆王命時猶爲呂侯。某氏傳云。後爲甫侯。故稱甫刑。孔疏云。崧高宣王詩。云生甫及申。揚之水平王詩。云不與我戍甫。明子孫改封爲甫侯。穆王時未有甫名。稱甫刑者。後人以子孫國號名之。猶叔虞初封唐。子孫封晉。而史記稱晉世家也。案孔疏雖據僞傳推說。然不聞馬鄭有異義。則古說同矣。書本稱呂刑。後以呂改爲甫。或從後王更定之名稱甫刑。度孔子時。篇名傳寫已非一本。故序書據當時史官本文稱呂。而孝經禮記引書從後定國名稱甫。亦以見侯國名號沿革。惟時王之命也。其後書家古文作呂。今文作甫。於理並合。緇衣疏引鄭孝經序云。春秋有呂國而無甫侯。蓋謂詩有甫無呂。春秋內外傳屢稱申呂而無

甫明或據定號或仍初名其實一也○黃氏云賈
生曰三代之禮天子春朝朝日秋暮夕月所以明
有敬也春秋入學坐國老執醬而親饋之所以明
有孝也行以鸞和步中采齊趨中肆夏所以明有
度也其於禽獸見其生不忍見其死聞其聲不忍
食其肉故遠庖廚所以長恩且明有仁也食以禮
徹以樂失度則史書之工誦之三公進而讀之宰
夫減其膳是天子不得爲非也明堂之位曰篤仁
而好學多聞而道慎天子疑則問應而不窮者謂

之道。道者，道天子以道者也。常立於前，是周公也。誠立而敢斷，輔善而相義者，謂之充。充者，充天子之志也。常立於左，是太公也。潔廉而切直，匡過而諫邪者，謂之弼。弼者，拂天子之過者也。常立於右，是召公也。博聞而强記，捷給而善對者，謂之承。承者，承天子之遺忘者也。常立於後，是史佚也。故成王中立而聽朝，則四聖維之，是以慮無失記，而舉無過事。殷周之所以長久者，以其輔翼天子有此具也。及秦而不然，其俗固非貴辭讓也，所尚者告訐也。固非貴禮義也。所尚者刑罰也。故趙高傅胡亥而教之獄。所習者非斬劓人。則夷人之族也。故今日即位而明日射人。忠諫者謂之誹謗。深計者謂之妖言。其視殺人。若刈草菅然。豈胡亥之性惡哉。其所習道之者非其理故也。存亡之變。治亂之機。其要盡在是矣。天下之命。縣於太子。太子之善。在於蚤諭教與選左右。夫胡越之人。生而同聲。嗜慾不異。及其長而成俗也。絫數譯而不能相通。臣故曰選左右蚤諭教最急。夫教得則左右正。左右正則太子正太子正而天下定矣書曰一人有慶兆民賴之記曰一人元良萬邦以貞賈生之言於愛敬之義近矣案殷周所以長有道者念祖脩德以博愛廣敬於天下也秦所以速亡者有天下而恣睢肆行惡慢不顧其身將無所容於四海而七廟隳也天子者代天地爲民父母以愛敬之心生養保全萬萬生靈者也五帝官天下三王家天下時勢不同而由愛親敬親之心推恩以保四海則一也周以前封建漢以後郡縣制度不同而愛敬

必治惡慢必亂則一也三代以後中國非統於一不能定而惟不嗜殺人者能一之愛敬生德也惡慢殺機也立愛立敬自親始所以普天地生生之德於無窮也天下非定於一不能拯兆民弱肉强食爭奪相殺之患非本愛親敬親以博愛廣敬不能深塞惡慢之原使天下長定於一而與兆民同和親安平康樂之慶故天子之孝四海兆民之所託命也○甫治要作呂誤引注云呂刑尚書篇名

一人謂天子天子爲善天下皆賴之義無違失

諸侯章第三

【釋曰】元氏云：次天子之貴者諸侯也。釋詁云：公、侯，君也。不曰諸公者，嫌涉天子三公也，故以其次稱。

猶言諸國之君也。案：侯有候伺之義，蓋侯伺人心順逆，四方之敗，以翰藩天子，安輯民人也。此以下四章皆蒙上章愛親者二句之文，諸侯不驕不溢，卿大夫非法不言、非道不行，士忠順不失，庶人謹身，皆由愛親敬親以不敢惡慢於人也。且此在上不驕，雖主邦君，而後章居上不驕，天子亦在其中。

制節謹度雖據侯國而謹身節用庶人亦同此理。是知五孝義本相通。特分有尊卑。故其愛敬所保守有大小耳。前章疏引梁武帝說是也。○又案封建之制與天地俱起。漢書刑法志曰。夫人宵天地之貌。懷五常之性。聰明精粹。有生之最靈者也。爪牙不足以供耆欲。趨走不足以避利害。無毛羽以禦寒暑。必將役物以爲養。任智而不恃力。此其所以爲貴也。故不仁愛則不能羣。不能羣則不勝物。不勝物則養不足。羣而不足。爭心將作。上聖卓然先行敬讓博愛之德者，衆心說而從之。從之成羣，是爲君矣。歸而往之，是爲王矣。案：從之成羣，是爲君。此諸侯之所由起也。歸而往之，是爲王。此天子之所由立也。聖人既以愛敬之德爲天下衆羣所歸往，於是就其羣之長，别其賢之大小而等差之，使各盡其愛敬以君其羣，而愛敬之本出於愛親敬親。愛敬之道，必極於人人相愛相敬，以各遂其愛親敬親。天下君臣定，而後强不犯弱，衆不暴寡，人人各保其父子。上下各思永保其父子，則爲君盡君道爲臣盡臣道而可使世世皆賢故有天下有國有家者傳子之法出於天理之自然人情之大順其在天子則黃帝顓頊之等子賢而傳之經也堯舜以子不肖不可傳別求天下之賢人而傳之權也傳賢至難非子甚不賢而所傳之賢功德人著則天下仍歸其子故禹傳益而天下歸啟及夏之衰人心已薄盜賊多有天下鑒於羿浞糜爛生民之禍傳子之法遂永永不易以息天下之爭先王懼繼世或不象賢故著胎教之戒重保傳之

教抗世子之法。隆入學齒胄之禮。立師保疑丞。設
諫鼓謗木。惕以先王之訓。使顧諟天之明命。凡以
養成天子愛敬之德也。其在諸侯。則上古社稷五
祀之官。重黎羲和之職。皆歷累朝世濟其美。天子
於諸侯。凡篤於仁義奉上法勤恤民隱不忝厥祖
者。則有慶。否則有讓。五載巡守。三載考績。羣后述
職。三公黜陟。侯伯監之。行人書之。俾小大庶邦無
敢失道越命以自覆。故諸侯早諭教選左右之制
一與天子同。所以養成君德使能世守宗祧以與

天子分愛敬天下之任也。故天子之孝。卽天子之所以事天。而兆民賴之。諸侯之孝。卽諸侯之所以事天子。而一國賴之。推之卿大夫士庶人之孝。皆卽其所以事君。而官守身家賴之。此忠孝同理。天下所以大順也。周衰。天子微。諸侯驕溢虐民。亡絶奔走不可勝數。而封建良法。至秦遂廢。然後世監司郡縣之吏。猶古之諸侯也。漢之良二千石。猶古賢諸侯也。漢以來或謂封建宜復。或謂復封建啟天下爭。必不可。然如孝經之義。有天子在上。以博愛廣敬順治天下知人安民則封建可也郡縣亦可也諸侯之制有時而變諸侯之孝則凡有土地人民之責者須臾不可離也此孝經之所以爲經也。

在上不驕高而不危。

在上故高不驕則雖處高位不至十三字補上四字用易繫辭傳虞注下九字取疏義危殆釋文

制節謹度滿而不溢。

費用約儉謂之制節慎行禮法謂之謹度無禮爲

驕奢泰爲溢。注疏釋文有首末二句。

高而不危。所以長守貴也。滿而不溢。所以長守富也。

富貴不離其身。釋文離力智反注同。然後能保其社稷而和其

民人。

離。據釋文則注有離字。猶去也。三字用鄭易漸卦象傳注補。社。謂后土。周禮封人疏。禮記郊特牲正義引王肅難鄭稱孝經注云社后土也。下又云句龍爲后土云云。係王肅語。嚴氏遵引句龍句誤。稷。原隰之神。五字據郊特牲正義引鄭駁五經異義補。薄

賦斂。省傜役。釋文故民人和悅。五字用皇侃說補。【箋二六】後本

作后孝經說。說然后曰。后者後也。儀禮鄉射禮注

蓋諸侯之孝也。

列土封疆謂之諸侯。周禮大宗伯疏　釋文：列土封疆字又作畺，同，居良反。臧云：葉鈔釋文云字又作彊，則所標封疆字當作畺。

箋云：孝經緯曰：諸侯行孝曰度。言奉天子之法度，得不危溢，榮其先祖也。

疏　漢敕曰：親親之恩，莫重於孝；尊尊之義，莫大於忠。故諸侯在位不驕，以致孝道，制節謹度，以翼天子。然後富貴不離於身，而社稷可保。漢書宣元六王傳　說苑曰：高上尊賢，無以驕人；聰明聖智，無以窮人；資給捷速，無以先人；剛毅勇猛，無以勝人。不知則問，不能則學。雖知必質。然後辨之。雖能必讓。然後爲之。故士雖聰明聖智。自守以愚。功被天下。自守以謙。勇力距世。自守以怯。此所謂高而不危滿而不溢者也。敬慎呂氏春秋說楚雜父之敗曰。凡持國。大上知始。其次知中。其次知終。三者不能。國必危。身必窮。孝經曰。高而不危。所以長守貴也。滿而不溢。所以長守富也。富貴不離其身。然後能保其社稷而和其民人。楚不能之也。先識覽

釋曰　此明諸侯之孝。元氏說。諸侯在一國臣民之上。其位高矣。高者

危地若不以貴自驕則雖處高位不至傾危富有一國之財其府庫充滿矣若制立節限愼守法度則雖滿而不至盈溢滿謂充實溢謂奢侈貴不與驕期而驕自至富不與侈期而侈自來故戒之案驕者矜高制節謂制財用之節謹度謂謹政事之度溢謂泛濫以至傾覆在上之失莫大於驕後章云居上而驕則亡大學云君子有大道必忠信以得之驕泰以失之驕則敢於惡人慢人而欲敗度縱敗禮矣易曰亢之爲言也知進而不知退知存

而不知亡。知得而不知喪。三者不知。則三者及之矣。此驕而危也。又曰。君子安而不忘危。存而不忘亡。治而不忘亂。是以身安而國家可保也。此不驕而免於危也。高所以致危者由驕。故在上不驕。則雖高而不危。元氏謂爲國以禮。不陵上慢下。則免傾危。是也。不驕所包甚廣。制節謹度。其大目也。節如竹之有約。如四時之有氣候。裁制之使各適其宜。王制稱五穀皆入然後制國用。量入以爲出。三年耕必有一年之食。九年耕必有三年之食。以三十年之通，雖有凶旱水溢，民無菜色。哀公問稱君子以其所能教百姓，節醜其衣服，卑其宮室，車不雕幾，器不刻鏤，食不貳味，以與民同利。大學稱生之者衆，食之者寡，爲之者疾，用之者舒，皆制節之義。度，謂立政施事當然之則，如物之有丈尺，謹守之，使無過差。皇氏云，謂宮室車旗之類，皆不奢僭。案王制說天子巡守，命太史陳詩以觀民風，命市納賈以觀民之所好惡，命典禮考時月定日同律禮樂制度衣服正之，山川神祇有不舉者爲不敬，不敬者君削以地。宗廟有不順者爲不孝。不孝者君絀以爵。變禮易樂者爲不從。不從者君流。革制度衣服者爲畔。畔者君討。有功德於民者。加地進律。孟子稱入其疆。土地闢。田野治。養老尊賢。俊傑在位。則有慶。土地荒蕪。遺老失賢。掊克在位。則有讓。凡此皆天子所制之度。而諸侯當謹守以保民者。詩曰。質爾人民。謹爾侯度。用戒不虞。又曰。歲事來辟。勿予禍適。稼穡匪懈。傳曰。凡我造邦。無從匪彝。無即慆淫。皆謹度之義。制節謹度。則無敢縱欲越分。故雖處盛滿之勢而不至氾溢橫決。凡滿者易溢。無節度則奢侈放恣。必至貨悖而出。坊壞而潰。處滿能戒。則自不溢。經以危與溢對。注以溢與驕並釋者。惟奢泰放溢。故致氾溢橫決。其爲溢一也。經在上不驕與制節謹度。語若相對而實相承。蓋在一國臣民之上。則自有一國之財以立一國之事。不驕則克己復禮而萬事之節度由此出。皇氏以爲互文。蓋義理文勢之自然。意自互見也。易曰。君子終日乾乾。夕惕若厲。此在上不驕之極則也。書曰。文王不敢盤于遊田。以庶邦惟正之供。此制節謹度之極則也。不驕卽論語所謂敬信。制節謹度卽節用敬事。易曰。節以制度。不傷財。不害民。傷財必至於害民。制節則自能愛人。謹度則使民以時在其中矣。且制節者。儉約非吝嗇。若不務勤民立事而吝於施惠。則蘊利生孽。多藏厚亡。亦溢而已矣。書堯典首欽。鄭君曰。敬事節用謂之欽。堯以大聖爲天子。其德無以加於此。而況諸侯敢不務乎。聖人之言通徹上下。特德有安勉用有大小耳高而不危所以長守貴以下承上文而言其效明諸侯之孝所以必在不驕制節也高而不危則能爲天子安民而民與同安所以得長守其貴也滿而不溢則能爲天子利民而民與同利所以得長守其富也富貴不離去其身然後能保其社稷之祀爲之主而和協其民人生則以一國之富養没則得百姓之歡心以承祭祀是蓋諸侯之孝也詩云宜民宜人析言則民謂凡民人謂居官者統言則皆謂民疊字稱之元氏云經上文先貴後富

言因貴而富也。下覆之富在貴先者。此與易崇高莫大乎富貴、老子云富貴而驕、皆隨便言之。案富貴通語。前文先貴後富者。此章以在上不驕發端。承高與滿之文爲先後耳。且古貴者始富。阮氏福云。富非多金之謂。富者備也。福亦備也。備者。如邑田宮室宗廟祭器祭服車馬干戈琴瑟皆備也。若賤者。安得有宗廟器服哉。其説亦是。引漢敕者。此用經文最合本義。黄氏云。諸侯受命于天子。天子受命於天。故天子之於天。諸侯之於天子。其事之皆如子之事親也。周頌曰。來見辟王。曰求厥章。言其制度出於天子。非諸侯所得自與也。夫以天子不敢惡慢於人。以諸侯而驕溢。則既適隨之矣。諸侯之有耕籍蠶桑泮宮庠序宗廟社稷人民。道皆侔於天子。其稍殺者。謹節之耳。諸侯而不謹節。猶支庶子之僭濫於父祖也。商頌曰。不僭不濫。不敢怠遑。是則庶乎可言愛敬者矣。次引說苑者。此就諸侯不危不溢之義而引申之。荀子宥坐篇。孔子說欹器曰。惡有滿而不覆者哉。又說持滿之道。爲說苑所本引呂覽者此周末入引孝經以明事阮氏福云此可見孔子以春秋孝經相輔爲教之意如知孝經不危不溢保和之義則無雞父之戰不保之危矣凡春秋二百數十年中諸侯卿大夫士之不保社稷祭祀祿位者皆可以此推之愚謂楚之敗敗於吳實敗於囊瓦爲政貪惏無藝讒慝宏多綱紀廢弛自擕其民內政不修則輕敵固亡異敵亦亡國家閒暇及是時明其政刑雖大國必畏之文王卑服卽康功田功不敢盤於遊田而伐昆

孝經鄭氏注箋釋　卷一

夷。齊桓公作內政而霸諸侯。衛文公大布之衣大帛之冠務財訓農通商惠工。敬教勸學授方任能。而克邢狄。越王句踐早朝晏罷生聚教訓而沼吳。易亡爲存。轉弱爲强。未有不自不驕不溢始者。若不能實事求是。勤民恤功。整飭吏治。固結人心。備豫兵食。而徒爲緩敵苟安之計。則敵見我之無志無用。必吞噬無餘而後已。六國之滅於秦。職是故也。富貴社稷民人之保與不保。不視乎敵勢之强弱邦交之善否。而視乎人君敬怠義欲之一心。吏治之善惡。君心之敬怠轉移之。民生之肥瘠。君心之義欲消息之。敬勝怠者吉。怠勝敬者滅。義勝欲者從。欲勝義者凶。凡事不強則枉。不敬則弗正。枉者廢滅。敬者萬世。在上不驕。敬勝怠也。制節謹度。義勝欲也。戰戰兢兢。自強不枉。然後能保其富貴。以事其先君。聖人非教在上者私其富貴也。有天下有國者之富貴。萬萬生靈之身家性命繫焉。故鄭以有棟折榱崩之懼。豳詩有覆巢破卵之憂。君民一體也。○不離。臧氏因釋文音力智反。謂不字衍。不知附離之離與離去之離。皆有力智反之音。中庸不可須臾離。陸亦音力智反。臧說非。然後據禮注引孝經說。則經各章然後字皆當作后。今本係後人用訓詁字代之。注云社謂后土。補云稷原隰之神者。鄭義社爲五土之總神。稷爲五土中原隰之專神。祭社以句龍配。祭稷以上以柱配。商以來以棄配。句龍生爲后土之官。歿而配食於社。後人遂謂后土爲社。左傳云后土爲社是也。又轉謂社爲后土。社是土神。后是尊稱。故左傳云君履

后土而戴皇天中庸云郊社之禮所以事上帝注
云社祭地神不言后土者省文諸經言社注訓爲后
土者皆謂地神非后土之官也五土皆生物而原
隰主生百穀稷爲穀之長故以名其神諸經言稷
者皆謂原隰生穀之神而后稷特其配耳或曰注
云社謂后土據所配而言其所祭之主則地神孔
賈禮疏論之詳矣注又云薄賦斂省傜役者此民
人所以和上之所取財盡則怨力盡則叛中庸曰
時使薄斂所以勸百姓也惟不驕不溢者能之云

列土封疆下章注云張官設府者皮氏云白虎通封公侯篇曰列土爲疆非爲諸侯張官設府非爲卿大夫皆爲民也潛夫論三式篇曰封疆立國不爲諸侯張官設府不爲卿大夫必有功於民乃得保位蓋古有此語漢人常依用之○治要引注云諸侯在民上故言在上敬上愛下謂之不驕故居高位而不危殆也費用約儉謂之制節奉行天子法度謂之謹度故能守法而不驕逸也又云居高位而能不驕所以長守貴也雖有一國之財而不

奢泰故能長守富又云富能不奢貴能不驕故云不離其身又云薄賦斂省徭役是以民人和也大旨皆是與釋文諸書所引亦相應然於經文語意猶未盡密合恐仍非原文但敬上愛下奉行天子法度二句頗爲佳語

詩云戰戰兢兢如臨深淵如履薄冰

戰戰恐懼兢兢戒慎臨深恐隊唐注作墜今從釋文履薄恐陷義取爲君恆須戒慎注疏釋文有恐隊恐陷四字注末慎字石臺本岳本皆然正德本惟疏標起止作懼

釋曰詩小雅小旻之篇引以證

諸侯富貴不可驕溢之義易震爲長子爲諸侯卦辭曰震來虩虩笑言啞啞震驚百里不喪匕鬯彖曰震來虩虩恐致福也笑言啞啞後有則也夫然故可以守宗廟社稷爲祭主象曰君子以恐懼脩省故夫子引此詩以明諸侯之孝阮氏福曰孔曾之學皆主戒懼故曾子立事篇曰君子取利思辱見惡思詬嗜欲思恥忿怒思患君子終身守此戰戰也又曰昔者天子日旦思其四海之内戰戰惟恐不能乂也諸侯日旦思其四封之内戰戰惟恐

失損之也。大夫士日旦思其官戰戰惟恐不能勝也。庶人日旦思其事戰戰惟恐刑罰之至也。是故臨事而栗者鮮不濟矣。孝經十八章曾子十篇皆無泰然自得氣象。論語曾子有疾。召門弟子曰啟予足。啟予手。詩云。戰戰兢兢如臨深淵。如履薄冰而今而後。吾知免夫。是曾子一生皆守孝經戰戰兢兢之大義以至於沒世也。○臨深履薄。治要引

卿大夫章第四

注舉經全句。

釋曰元氏云次諸侯之貴者卿大夫說文卿章也白虎通云卿之爲言章也章善明理也大夫之爲言大扶扶進人者也故傳云進賢達能謂之卿大夫王制云上大夫卿典命云王之卿六命其大夫四命則卿與大夫異今連言者其行同也陳氏立白虎通疏證云卿章疊韻對文則卿爲上大夫大夫爲下大夫散則卿亦謂之大夫故春秋之例皆稱大夫也案周禮天子之官有卿有中大夫有下大夫王制稱諸侯上大夫卿下大夫則諸侯無中

大夫。而卿爲上大夫。則同。春秋及禮喪服。惟稱大夫。統言之。此經兼稱卿大夫。備言之。然同在一章。以其在朝服官。施政治民。所以事君安親之道同也。天子有三公。以六卿兼之。又有三孤。皆上大夫。諸侯大國有孤。亦上卿兼職。卿字說文作𠨍。从卯皀。玉篇子兮切。卪字之平聲。廣韻子禮切。卪之上聲。皀讀若香。事之制也。从卯皀。音節奏。卿位尊。佐君制事。必合乎節奏。所謂遵先王之法。用其中於民也。大夫以扶進賢能爲義。又夫之言丈夫。孟子言居天下之廣居。立天下

孝經鄭氏注箋釋　卷一

之正位。行天下之大道。此之謂大丈夫。正與孝經
言卿大夫服先王法服道法言行德行義同。古者
爵人以德。人才出於學校。自王太子王子羣后之
太子卿大夫元士之適子國之俊選。皆由小學入
太學。教以先王詩書禮樂及易春秋。博學詳說歸
於誠意正心脩身齊家治國平天下之道。其德行
道藝之尤高者官之。四十始仕爲士。賢著德成。五
十乃命爲大夫。親疏並用。立賢無方。公族既培養
而多良。英俊亦升庸而無滯。且卿大夫以進賢達

能爲職。惟善能舉其類。自無竊位蔽賢。其有功德於民者。使其子孫世祿而不使世官。俾官必得人。而賢者子孫勉於法祖父之德行以世濟其美。故卿大夫以能守宗廟爲孝。春秋時列國世卿。多不學無術。尸位竊柄。汰侈不法以致覆宗絶祀。而國與民交受其病。國家之敗。由官邪也。故周禮治國治民。以治官爲樞紐。而官方出於學術。孝經卿大夫之孝。卽大學脩身以治國平天下之事。蓋天子至庶人皆同此學。而佐天子諸侯以治民者。必用如是之人，乃能成德教而行政令。有愛敬而無惡慢。此事親事君立身相表裏之大義也。中庸明善誠身順親信友獲上治民之道相因，亦同此理。○元氏引舊說，天子諸侯各有卿大夫。此章云言行滿天下。又引詩以事一人，是舉天子卿大夫也。天子卿大夫如此，諸侯卿大夫可知。

非先王之法服不敢服。

法服，謂日月星辰山龍華蟲藻火粉米黼黻絺繡。北堂書鈔原本八十六法則　先王制五服。周禮小宗伯疏下。按日月星辰云云天子服日月星辰。諸侯服山龍華蟲。卿大夫服藻火。

士服粉米。書鈔一百二十八法服　文選陸士龍大將軍讌會被命作詩注引大夫服藻火釋文出服山龍華蟲服藻火服粉米　皆謂文十一字。下接皆謂句。又云。米字或作絲。

繡也。釋文田獵戰伐卜筮。冠皮弁。衣素積。百王同之。

不改易也。詩六月正義引田獵戰伐冠皮弁　儀禮少牢饋食禮疏引卜筮冠皮弁云云釋文出田獵卜筮冠素積七字　案諸書引有詳略。嚴氏集合甚當。從之。

非先王之法言不敢道。

詩厚人倫。書錄王事。先王法言。著在詩書。非是不敢道。據下注禮以檢奢。聖治章言思可道注言中詩書。則鄭以法言爲詩書之言。德行爲禮樂

之行。故推補之如此。詩厚人倫。道。猶言也。鄭大學詩序義。書錄王事。首章注文。注以上二十五字今補

非先王之德行不敢行。釋文：德行，下孟反，注德行同。

禮以檢奢。釋文樂以正情。先王補六字。德行文見釋著在禮樂。非是不敢行。九字補。德行上下共補十五字。樂以正情，周禮大司徒注義。

箋云：春秋傳曰：詩書，義之府也。禮樂，德之則也。明皇注曰：法言，禮法之言。德行，道德之行。若言非道，行非德，則虧孝道，故不敢。

是故非法不言，非道不行。

箋云論語曰。志於道，據於德。行道即行德。春秋繁露說。人之情性由天。可生可殺而不可使爲亂。故曰非道不行，非法不言。人爲天者

口無擇言，身無擇行。

箋云禮鄭說。無有可擇之言。表記注 明皇曰。言行皆遵法道。所以無可擇。

言滿天下無口過，行滿天下無怨惡。釋文。無口過。古卧反。注同。無怨惡。烏路反。注同。

言行盡善。雖布滿天下。而出乎身十三字補 無口過。釋文

施於人三字補無怨惡釋文

三者備矣。然後能守其宗廟。釋文：廟本或作庿。

宗，尊也。廟，貌也。親雖亡沒，事之若生，爲作正義作立今依釋文宮室，四時祭之，若見鬼神之容貌。詩清廟正義釋文出爲作宮室四字

箋云：明皇曰：三者，服、言、行也。

蓋卿大夫之孝也。

張官設府謂之卿大夫。禮記曲禮上正義 箋云：孝經緯曰：卿大夫行孝曰譽，言行布滿天下，能無怨惡，遐邇稱譽，是榮親也。疏言行以下數語或疏家潤色之 釋曰：此明卿大

夫之孝。卿大夫。學先王之道佐其君以博愛廣敬
於人者也。元氏說。大夫委質事君。學以從政。立朝
則接對賓客。出聘則將命他邦。服飾言行須遵禮
典。非先王禮法之服則不敢服。非先王禮法之言
則不敢道。非先王道德之行則不敢行。案法服。法
度之服。若冕服爵弁皮弁朝服玄端深衣之等。各
有采章制度。服之各有等差。不得僭上逼下。先王
受命易服色。天下之人各服當代之服。惟二王之
後及其國中人民得服先代之服。皆所謂法服。禮

經詳矣。法言、德行，百王所同。法言，法度之言，詩書之文是也。詩「厚人倫，美教化」，迺之事父，遠之事君。書載唐虞三代治天下之大經大法，聖君賢臣相儆戒，敬天勤民之訓，皆義理精純，可法於天下後世。故曰法言。德行，道德之行，禮樂之則是也。孟子曰「仁之實，事親。義之實，從兄。禮之實，節文斯二者。樂之實，樂斯二者」。凡父子之親，君臣之義，夫婦之別，長幼之序，朋友之信，事爲之制，曲爲之防，使人愛敬之德生於心而不能已，不知手之舞之足之

蹈之以立人道百行。是爲德行。禮士相見經曰。與
君言言使臣。與大人言言事君。與老者言言使弟
子。與幼者言言孝弟於父兄。與衆言言忠信慈祥。
與居官者言言忠信。此皆詩書之精義。所謂道先
王之法言。孔子論孝論禮論學論政。一取證詩書
左右逢原其極則也。冠義曰。成人之者將責成人
禮焉也。責成人禮焉者。將責爲人子爲人弟爲人
臣爲人少者之禮行焉將責四者之行於人。其禮
可不重與。故孝弟忠順之行立而後可以爲人可

以爲人而後可以治人也衛將軍文子篇孔子曰
孝德之始也弟德之序也信德之厚也忠德之正
也參也中夫四德者矣此皆禮樂之實德所謂行
先王之德行孔子說君子之道子臣弟友庸德之
行鄉黨一篇皆動容周旋中禮之效其極則也詩
稱仲山甫之德曰古訓是式威儀是力此卿大夫
之道法言行德行也人之行莫大於孝而孝道皆
於言行見之故孔子教弟子入孝出弟卽繼以謹
而信又自言庸德之行庸言之謹易大傳說龍德

之見亦曰庸言之信庸行之謹。樂正子春說一舉足不敢忘父母。一出言不敢忘父母。論語禮記說言行至詳。言行君子之所以動天地。而此說法言德行必以法服先之者。黃氏云。服者。言行之先見者也。未聽其言。未察其行見其服而其志可知也。王氏應麟云。孝經曰。非先王之法服不敢服。非先王之法言不敢道。非先王之德行不敢行。孟子曰。服堯之服。誦堯之言。行堯之行。聖賢之訓。皆以服在言行之先。蓋服之不衷。則言必不忠。信行必不篤敬中庸脩身亦先以齊明盛服都人士之狐裘黄黄所以出言有章行歸于周也案先王制禮因民生日用不可離之事而爲之節文以達其愛敬之心人受天地之中肖天地之貌聖人因其適體之用而制之法使超然異於毛羽之禽獸而有以自好慎行其身因以敦典秩禮表德定分故古者深衣有制度以應規矩繩權衡規矩取其無私繩取其直權衡取其平可以爲文可以爲武禮始於冠服備而後容體正顔色齊辭令順爲行禮之本

三加彌尊。諭其志以進其德。皆制之於外以安其內。使惰慢邪僻之氣不設於身體。日遷善而不自知也。世之衰也。以天地之性最貴可聖可賢之身。而甘爲惰游不齒之服。以君父生成涵濡中國數千年來禮俗教化可忠可孝之身。而忍爲壞法亂紀之服。陷溺人心。敗壞風俗。毀傷其身。災及其親。不法之害。未知所底。正經與民激其廉恥。動其天良。俾違邪歸正。去逆效順。是在卿大夫之法言德行本身作則而已。服言行三者相須爲用。表記曰。

君子恥服其服而無其容。恥有其容而無其辭。恥有其辭而無其德。恥有其德而無其行。無其行，謂未能施之實事以稱其德意。與此經相表裏。三者皆以先王爲法。蓋先王之於後世君子。有父之親。有君之尊。有師之嚴。三語本黃氏。而敢有須臾之離。尺寸之踰越乎。先儒說。君當制義。臣當奉法。故卿大夫以奉法度爲孝。服與言行皆恪遵先王。如是。是故所道必先王之法言。非法則不言。所行皆先王之德行。非道則不行。言皆法。則其言盡善。而口無可擇去之言。行皆

道則其行盡善而身無可擇去之行口無一言之
可擇則言雖滿天下而在己無出口之過身無一
行之可擇則行雖滿天下而在人無見怨見惡如
是則言行一稱其服三者皆備矣然後正色立朝
萬民所望忠貞事國聞譽施身非惟祿養致孝且
能守其累世宗廟弗替是蓋卿大夫之孝也上言
德行此言道者德行道德之行隨舉互明元氏說
以論語志於道據於德記曰德也者得於身也古
之學術道者將以得身也得於身曰德人所其由

曰道爲法於天下後世曰法即所謂至德要道天地之經民是則之其實一也非是則悖德亂道非聖無法矣孟子曰上無道揆下無法守國之所存者幸也道著爲法卿大夫非法不言非道不行則國有與立而家得所庇矣擇言本甫刑爲訓禮記引書鄭注云已外敬而心戒慎則無有可擇之言加於身敬戒即上文不敢之義詩古之人無斁鄭引孝經讀斁爲擇以附毛義或謂鄭讀孝經之擇爲斁孫氏星衍謂書孝經之擇皆殬之借說文殬

敗也。理雖可通，要不如記注之精審。簡氏云：擇猶選也，謂選其非也。甫刑曰：罔有擇言在身。所以言滿天下無口過也。國風曰：威儀棣棣，不可選也。所以行滿天下無怨惡也，是也。經兩云滿天下，見其至多而無可指摘，正足成無擇之義。曾子曰：君子終日言，不在尤之中。論語說：出門如賓，承事如祭，在邦無怨，在家無怨。詩曰：在彼無惡，在此無射，庶幾夙夜，以永終譽。皆無口過、無怨惡之義。論語說言寡尤、行寡悔，祿在其中。易大傳說言行君子之樞機。樞機之發榮辱之主。故孝經說卿大夫之孝於言行論之尤詳。唐氏文治及先從兄元忠皆曾舉易孝經論語三文相證子說君子所貴乎道者三。則服言行皆舉之矣。經發首服言行並舉。次詳論言行。終結言三者。元氏云。言行。君子所最謹。出己加人。發邇見遠。出言不善。千里違之。其行不善。譴辱斯及。故一舉法服而三復言行。案言行盡善。乃稱其服。此經立文詳略始終相備之意。禮。大夫立三廟。阮氏云。孝經卿大夫以保守其家之宗廟祭祀爲孝。如此爲孝。則不敢作亂則不敢不忠不仁不義不慈齊之慶氏魯之臧氏皆叛於孝經者也儒者之道未有不以祖父廟祀爲首務者曾子無廟祀而啟其手足亦此道也案春秋時卿大夫尚多法言德行故文武之道未墜於地至戰國時則事君無義進退無禮言則非先王之道邪說淫辭深中人心毒徧天下賊民興喪無日矣卿大夫非法不言非道不行而後能格君心之非正人心之邪諸葛之公誠司馬之忠信朱子之誠正得之矣○注云法服謂日月星

辰云云者首句華蟲下脱作會二字鄭注書皐陶謨讀會爲繪古天子冕服十二章日一月二星辰三山四龍五華蟲六皆繪於衣宗彝七藻八火九粉米十黼十一黻十二皆繡於裳天子備文諸侯以下降殺各有差上得兼下下不得僭上云天子服日月星辰者此句及下三句每句末皆當有以下二字文略耳上稱五服下惟列四等者鄭説書周禮五服據漢制兼采歐陽大小夏侯書説推明虞周異同而此注又酌取大傳之義大傳云天子

服五。諸侯服四。次國服三。大夫服二。士服一。鄭彼注雖疑之。而此注諸侯中實兼含次國。分爲二等。蓋天子服日月以下十二章。諸侯服山龍以下九章。次國服華蟲以下七章。卿大夫服藻火以下五章。士服粉米以下三章。云文繡者。約作會絺繡之義。文卽繪畫也。書注則分諸侯爲三等。謂公自山龍而下。侯伯自華蟲而下。子男自藻火而下。卿大夫自粉米而下。上合天子十二章爲五服。不數士。蓋據周制推之。似彼注爲定論。又鄭謂虞制天子十二章。周制以日月星辰畫於旌旗。而服章惟九。皮氏云。續漢書輿服志曰。孝明皇帝永平二年。初詔有司采用周官禮記尚書皐陶篇。乘輿從歐陽氏說。公卿以下從大小夏侯氏說。又曰。乘輿備文日月星辰十二章。三公諸侯用山龍九章。九卿以下用華蟲七章。皆備五采。蓋歐陽說天子有日月星辰共十二章。夏侯說天子無日月星辰。亦止九章。鄭君兼采二說。分別其義。謂虞有日月星辰十二章。用歐陽說。謂周止有九章。用夏侯說。案皮說甚當。夏侯氏蓋約周官爲說。而以論虞制則未當。故鄭於虞從歐陽。於周取夏侯。但周制登龍於山。謂之袞。登火於宗彝。謂華蟲爲鷩。謂宗彝爲毳。其序又與夏侯書說異耳。鄭謂至周而以日月星辰畫於旌旗。則夏殷亦十二章。鄭又謂魯郊有十二章者。從先代之禮。如杞宋之比。餘詳禮疏及愚所爲禮經學。云田獵戰伐卜筮冠皮弁云云者。皮氏云。詩疏引孝經援神契曰。皮弁素幘。積之軍旅也。借。白虎通三軍篇曰。王者征伐必皮弁素幘。凶事示

有悽愴。又招虞人皮弁。知伐亦皮弁。招虞人即田

獵之事。天子視朝諸侯視朔皆皮弁。卜筮或亦用

之。鄭學宏通。注孝經即用援神契説。故與他經注

以爲戎服用韎韋衣裳者不同。案詩疏謂皮韋同

類。析言則戰用韋弁。統言則惟云皮弁。又皮弁者

天子之朝朝服。士冠少牢。諸侯士大夫禮。筮日皆

用朝服。則天子士大夫當皮弁矣。竊謂此注約舉

三代之禮。周制則田用冠弁服。兵士用韋弁服。不

盡用皮弁。云百王同之不改易者謂冕服文。其章

古今有異。皮弁質。其制無改耳。鄭說法服約舉二者。此外爵弁玄端之等。凡見禮經者。皆爲法服可知。鄭以法言爲詩書。德行爲禮樂。詩書皆義理之文。禮樂爲道德之範。故子所雅言詩書執禮。又曰博文約禮。又曰不學詩無以言。不學禮無以立。易之義春秋之法。皆於是乎著。舉四術而六藝可畢貫矣。服言行三者。修身之要。爲政之本。所以事君即所以立身安親。卿大夫漸漬詩書禮樂之教。幼學壯行。服官以至致仕。奉以終身者也。云宗尊廟貌云云者後章云治家者得人之歡心以事其親生則親安之祭則鬼享之論語曰生事之以禮死葬之以禮祭之以禮後章注云事生者易事死者難孝子之身終終身也者非終父母之身終其身也春秋傳歎喪家之大夫曰爲人子不可不愼乎哉故卿大夫士必以能保守宗廟祭祀爲孝蓋親雖亡沒事之若生事君莅官無敢失道以貽父母羞是以孝子臨尸而不怍有勿替引之之慶無弗克負荷之憂也禮大夫士有大功善於其君得爲

壇墠祫及其高祖。又父爲士子爲大夫得祭以大
夫。父爲大夫子爲士。則祭以士。皆感動其孝思而
勉之爲高行。此愛敬之教所以彌綸無閒也。○治
要引注云。不合詩書不敢道。不合禮樂則不敢行。
又云。法先王服。言先王道。行先王德。則爲備矣。蓋
就釋文所出字及唐注推之。義皆無誤。惟法先王
服言先王道。當改服先王服道先王言耳。

詩云。夙夜匪懈。以事一人。釋文。懈。佳賣反。注及下字或作解同。臧云。此當作解佳賣反。注及下同。字或作懈。據下標注解惰字。知鄭本經必作解。故陸音佳賣反。若本作懈。正字易識

陸可不音矣。蓋石臺本、唐石經、岳本皆作懈，淺人遂據以易釋文也。

夙早。二字據詩箋補。夜莫如字，又音暮，下並同。也。釋文匪非也。解惰古卧反。注同。華嚴經音義作懈墮。顧氏廣圻云：注同當作下同。也。華嚴音義二十釋文出解惰二字。早補。此字莫，釋文云下並同，則此注再見莫字。上章引詩注亦當有之。匪有二字補。懈惰見釋文。以常尊事天子六字補。此句共補九字，用詩箋疏義。

箋云 明皇曰：義取卿大夫早夜不惰，敬事其君也。

釋曰 詩大雅蒸民之篇。匪懈，敬也。敬即不敢之義，敬勝怠者吉，居官者懈怠之心一萌，則志氣昏惰，萬事廢弛，德義之緩，邪利之急，誤國殃民，禍及其親矣夙夜匪懈恭恪於朝職思其憂乃能爲天子分任愛敬天下之責以安其親諸侯之臣事其君亦然故唐注通其義夙夜者自朝至夜無時不然易三爲三公乾之九三曰君子終日乾乾夕惕若子曰君子進德脩業與時偕行是其義也○釋文莫如字又音暮案說文無暮字莫本訓日且冥從日在茻中會意茻亦聲莫故切引中爲有無之義慕各切兩音實一聲之轉夜莫當以莫故切爲正卽後出暮字之音○治要引注云夙早也夜暮也

一八。天子也。卿大夫當早起夜臥以事天子。勿懈惰義無誤。

士章第五

釋曰 元氏云。次卿大夫者士。說文曰。數始於一終於十。孔子曰。推一合十爲士。毛詩傳曰。士者事也。白虎通曰。士者事也。任事之稱也。故禮辯名記曰。士者。任事之稱也。傳曰。通古今辯然不然謂之士。又說。白虎通云。天子之士獨稱元士。此直言士。則諸侯之士。而天子之士從可知。案諸侯之士不得稱元。而天子之士亦通稱士。此章論士之孝。蓋兼天子諸侯之士言。猶上卿大夫章天子諸侯之卿大夫行孝同也。又士有已仕而居位者。周禮上士中士下士是也。有未仕而爲學士者。王制選士俊士之等是也。此經云保其祿位。則謂已仕之士。而孝敬忠順之道。則爲學士時皆已講明切究。隨其分而篤行之。古者年七十而致仕。老於鄉里。大夫名曰父師。士名曰少師。以教鄉中之子弟。是以胥天下之人無不修其孝弟忠信。其民之秀者。由庠序而層累升之以至於大學凡六藝之教所以察人倫明王道者漸漬服習至深且久故可任職居位進而爲卿大夫盡愛敬之道佐人君以博愛廣敬於天下也傳曰禽獸知母而不知父野人曰父母何算焉算猶擇也別也都邑之士則知尊禰矣大夫及學士則知尊祖矣三代之學皆所以明人倫士之學在明倫故夫子論士之孝曲盡事親事君愛敬之義禮教之大本也由是居位則惟吉士勱相國家成德則始乎爲士終乎爲聖人故論語子路子

貢皆問士而孟子論士曰居仁由義大人之事備矣。

資於事父以事母而愛同。

資者人之行也。釋文公羊定四年疏 箋云易鄭說資取也。乾卦注禮鄭孔說資猶操也操持事父之道以事母而愛同。喪服四制注疏

資於事父以事君而敬同。

箋云公羊何說取事父之敬以事君。定四年解詁禮孔說操持事父之道以事君則敬君之禮與父同。

故母取其愛。而君取其敬。兼之者父也。

兼并也。三字據釋文補。凡釋文之訓多本鄭。故以補注。後放此。箋云劉氏瓛曰。父情天屬。尊無所屈。故愛敬雙極也。疏禮喪服四制本此文以說服曰。其恩厚者其服重。故爲父斬衰三年。以恩制者也。門內之治恩揜義。門外之治義斷恩。資於事父以事君而敬同。貴貴尊尊。義之大者也。故爲君亦斬衰三年。以義制者也。資於事父以事母而愛同。天無二日。土無二王。國無二君。家無二尊。以一治之也。故父在爲母齊衰期者。

見無二尊也。孔氏云：父母恩同而服有異，以不敢二尊故。

故以孝事君則忠。

移事父孝以事於君，則爲忠矣。注　嚴氏植之曰：君父敬同，則忠孝不得有異。言以至孝之心事君必忠也。疏

以敬事長則順。釋文：長，丁丈反。注皆同。案：云注皆同，則注中長字當再見。

移事兄敬以事於長，則爲順矣。注　疏

忠順不失，以事其上，然後能保其祿位，而守其祭祀。

上謂君補。三字見釋文。長補取疏義。食稟爲祿。釋文。官爵爲位。四字取王制義補。始爲日祭。釋文。繼爲時祀。四字取國語祭法義補。

蓋士之孝也。通古今三字補。別是非釋文。謂之士三字補。取白虎通義。北堂書鈔引注通古今辯然否謂之士。辯然否與別是非義同文異。箋云孝經緯曰：士行孝曰究。當明審資親事君之道。能榮親也。釋此明士之孝。士學以明倫。能審究三綱五倫之義。盡子臣弟少之道。以完孝行。而立愛敬德教之基者也。子之能仕。父教之忠。士始升公朝。將移孝以作忠。故先明事父之行。爲事母事君所資。以起其義。
資。取也。取於事父之行以事母。而愛母與愛父同。
如和氣愉色婉容。飲食忠養。抑搔扶持。視無形。聽
無聲。凡所以盡愛者。皆與父同。是也。取於事父之
行以事君。而敬君與敬父同。如君在踧踖。入門鞠
躬。升堂屏氣。召不俟駕。恪居官次。竭力盡能。陳善
閉邪。凡所以盡敬者。皆準乎事父之道以效其誠。
是也。簡氏云。母主於愛。敬行愛中。君主於敬。愛行
敬中。案愛敬出於天性自然相因。易曰。家人有嚴

君父母之謂前章云愛敬盡於事親後章云親生之膝下以養父母日嚴又云孝子之事親也居則致其敬論語禮記言孝能養必敬皆事父事母同言愛敬但父尊親兼至而母尤主於親故事母以愛爲主愛敬相因事父之愛愛之至也愛母與父同則敬在其中矣大學云爲人臣止於敬孟子云君臣主敬事君章引詩心乎愛矣孟子又云畜君者好君也則事君亦愛敬兼盡但父子主於恩君臣主於義雖元首股肱休戚一體而上天下澤名

分綦嚴。故事君以敬爲主。忠孝一理。事父之敬。敬之至也。敬君與父同。則愛在其中矣。愛則必慎重。敬則必懇誠。事母之敬由愛出。事君之愛以敬行。故事母尤取其愛。而事君尤取其敬。二者皆資於事父。并愛敬而行之。兩盡者。事父之道也。所以然者。人之生。受氣於父。而鞠之育之使成形以生者。母也。養之保之使得遂其生者。君也。故人情莫不怙恃父母。而父尊母親。人類莫不倚賴君父。而君尊父親。經文此數語。人倫之大本。禮教之綱領。蓋天之生物，使之一本。子者，父之子；母統於父，資於事父以事母，而愛同。夫爲妻綱，故父爲子綱。父者，子之天；君者，臣之天。資於事父以事君，而敬同。故君爲臣綱。三綱者，人倫之本，愛敬之原。凡民莫不由之，而知其義者，士也。故制禮自士始。士可不以名教綱常爲己任乎？此以上既詳說君親愛敬之義，則父子之道卽君臣之義所自出。事君猶事父也。故以事父之孝事君，則爲忠矣。孝則必弟，孩提愛親，少長卽知敬兄；以事兄之敬事長，則爲順矣。

以孝事君。則資於事父之敬。敬中有愛。愛敬合是爲孝。移以事君。是爲忠。後章云。君子之事親孝。故忠可移於君。事父孝則事母孝在其中。凡經傳言事父多包事母。故此文總言孝。下章總言事親。敬出於孝。愛親者兄弟必相愛。而兄長於弟。故弟又當敬。弟愛敬兄謂之悌。敬兄之心由敬父出。知敬父自知敬兄。由兄而推。內則師長。外則官長。皆行吾敬。是爲順。此長對君言。則主官長。謂公卿大夫位長於士者。後章云。事兄弟。故順可移於長。故鄭以敬屬事兄。上言事父之敬。此遽言敬兄者。孝弟同體。士既深明君親愛敬之義。則能由敬父以敬兄可知。一故字中實包含其義。移孝作忠。移敬爲順。忠順不失以事其上。然後能保其祿秩官位而守其先人之祭祀。非惟生有祿養。且能備禮以祭。是蓋士之孝也。禮上士二廟。中士下士一廟。經於大夫言宗廟。於士言祭祀。互文。又諸侯言保其社稷。大夫言守其宗廟。士祿位祭祀兼言保守者。皇氏謂保安鎮也。守無失也。對文則保義似較守爲重散則通。孟子云諸侯不仁。不保社稷。卿大夫不仁。不保宗廟。易言出可以守宗廟社稷以爲祭主。是保守義同。此經以大夫對諸侯。故一言保一言守。士兼言者。明能保君所授之祿位乃能守先人之廟祀。禮大夫士有田則祭。無田則薦。祭禮大薦禮小。故必能保祿位乃能備禮以祭。保其祿位由於忠順不失。初非後世庸臣持祿保位之謂。君子之於祿位。非其道則祿之以天下弗顧也。由其道。則一命之榮皆君父之恩。不敢失墜。孟子曰。惟士無田，則亦不祭。士之失位，猶諸侯之失國家。此孝經之義也。蓋不義而得祿位，忝所生也；不義而失祿位，亦忝所生也。君子之於祿位，得之以義，保之以義。舊說云：「入仕本欲安親，非貪榮貴也。若用安親之心，則爲忠也；若用貪榮之心，則非忠也。」案：以安親之心事君，則知君民一體，休戚相同，正色立朝，竭忠盡智，公家之利，知無不爲，危急存亡，有死無二。若用貪榮之心，則孟子所謂懷利以事君者，背君親而爲不義，敗國殄民，惟利是圖，行同狗彘。

勢所必至。斗筲之人何足筭。豈得謂之士乎。○喪服四制引孝經以說制服之義。蓋父至尊。君至尊。敬同故其服同。母與父愛同。而家無二尊。父於子爲至尊。夫亦於妻爲至尊。故父在屈於父。爲母齊衰期。然服雖屈。仍心喪三年。傳曰。父必三年然後娶。達子之志也。此仁之至。義之盡。蓋可屈者衰麻之服。不可解者哀痛之志。所謂愛同也。孝經此節。三綱大義。自伏羲定人道以來。至周公制禮。而其理始曲盡。學者以此治禮。若綱在綱。一以貫之矣。

君敬之極，母愛之極，而兼之者父，故孝莫大於嚴父。極於尊祖配天，而明王以孝治天下。○黄氏云：父則天也，母則地也，君則日也。受氣於天，受形於地，取精於日。此三者，人之所由生也。地必受氣於天，日亦取精於天。此二者，人之所原始反本也。故事君事母，皆資於父；履地就日，皆資於天。二資者，學問所由始也。案黄氏此説甚有意理。日麗於天，故雖天子必有父，而父子之道爲君臣之義所自出。天所以照臨於下者惟日，天無日則人表長夜四時無由行。百物無由生。天下無君。則彝倫顛倒。甚至非孝無親。人類惡慢相殺無已時矣。夫然故父者子之天也。君者臣之天也。故孝子事君必忠。推其本。則父子之道正。於夫婦。故夫者妻之天也。子以父爲天。母爲地。兄先弟後出於父母。天倫也。故孝則必弟。臣以君爲天。在朝長幼卑尊命於君。天秩也。故忠則必順。順者。順理以事之。亦將順其美。匡救其惡之義。非阿諛曲從之謂。○注云資者人之行。此非以人行訓資。乃謂所資者是人之行也。資訓當如易注記注訓取訓操。元氏云取於事父之行。孔氏云操持事父之道。皆得鄭意。人之行卽道也。人之行莫大於孝。而事父之道。愛敬雙極。故事母事君皆資之。所以必云人之行者。父母生之。天性自然知愛。無待於資。此所資者性發爲行。聖人所制之禮。民之所以體天經地義而爲行者。則事父之道愛敬兼盡。而事母資之尤重於愛耳。事君則由事父而推。自可知矣。云食禀爲祿。補云官爵爲位者。王制云任官然後爵之。位定然後祿之。又歷陳上士中士下士之祿。是也。云始爲日祭。禰云繼爲時祀者國語言天子之禮有日祭月祀時享。此云始爲日祭。蓋謂始死朝夕奠及下室燕養饋羞湯沐之饌。孝子不忍一日廢其事親之禮。祭之始也。祭法大夫享嘗乃止但有四時之祀。無月祀則士可知。云通古今別是非謂之士者。依上兩章注句法。取白虎通義以補闕文。別是非白虎通作辨然否。其義一也。順人倫爲是逆人倫爲非。古今通義。是非明則人人敦孝弟忠順之行。而愛敬不可勝用。否則非法非道，邪說橫流，而天下受其亂矣。持清議，正人心，教忠孝，遏逆亂，此士之責也。○治要引注云：「事父與君敬同，愛不同也。事父與母愛同，敬不同也。」此用唐注義，與經文語勢似反。孔氏禮記疏順經爲訓，蓋本孝經鄭注。元氏彌縫唐注之義，與記疏合，或亦本孝經孔疏也。又云：「兼，并也。愛與母同，敬與君同，并此二者，事父之道也。此則不誤，則爲忠矣。」治要矣作也。又云：「事君能忠，事長能順，二者不失，可以事上也。」亦無誤。

詩云夙興夜寐無忝爾今本所生臧云葉鈔釋文無作爾所生忝下空闕據開宗明義章釋文作毋念則此亦當作毋詩釋文毋忝音無可證
忝辱也所生謂父母釋文以上十莫見前章訓言早字補莫釋文
寢興毋辱其親補六字釋詩小雅小宛之篇言早起夜卧修身慎行本孝敬之道以不失忠順毋或忝辱其所自生也黃氏曰夙興夜寐蓋言學也孝不待學而非學則無以孝案孝本良知學以致其良知而忠順之行立焉誠正脩齊治平之道講求有素措之裕如此孝經與大學一貫之義國語曰

士朝而受業晝而講貫夕而習復夜而計過無憾而後即安曾子曰君子思仁義晝則忘食夜則忘寐日旦就業夕而自省制言中又曰吾日三省吾身此皆聖賢夙興夜寐無忝所生之義引國語至此阮氏福義省者惟恐其有忝也惟然故博學可以爲政移孝可以作忠簡氏曰夙興夜寐勤事也檀弓事親事君皆以服勤言夙夜勤事無辱其父母是推事親以事上之道也○治要引注有忝辱也二句與釋文訓同下又云士爲孝當早起夜卧無辱其父母

也。義不誤。

庶人章第六

【釋曰】元氏云：庶，衆也，謂天下衆人。案：庶人謂士、農、工、商四民。及在官給事，府、史、胥、徒之等。士有已仕者，王制所謂上士、中士、下士。上章所陳是也。有未仕者，禮士相見經曰：庶人則曰刺草之臣。孟子說士不見諸侯之義曰：庶人不傳質爲臣，則未仕之士在此章庶人中。士之未仕者，資親事君之義雖已講明，而用天分地之事，乃其職分。士本由庶人而進者。孟子云。謹庠序之教。申之以孝弟之義。又云。深耕易耨。脩其孝弟忠信。詩云。以介我稷黍。以穀我士女。則古者庶人固多有士行。但見道有深淺。故孝行有精粗耳。天地之性人爲貴。能行庶人之孝。其上者進乎士。次者亦已無愧爲人。否則孟子所謂五不孝。不成人矣。且士爲四民之首。士能深明孝弟忠順之道。爲農工商之倡。則天下之人心正矣。庶人皆能謹身節用以養父母。則人人親其親長其長。無相惡慢而天下平矣。此先王至德要道順天下之成效也。漢制使天下誦孝經。所以風俗茂美。長治久安。媲於三代也。

用天之道。

春生夏長。秋收。本作斂。冬藏。釋文注疏勤力務時。四字用鄭君戒子書語補。

分地之利。

分別五土。視其高下。若高田宜黍稷。下田宜稻麥。丘陵阪初學記作坂。今依釋文。險宜種棗棘。初學記作棗栗。御覽作桑栗。今從釋文一本。初學記卷五。太平御覽卷三十六。釋文出分別五土丘陵阪險宜棗棘十一字。

云本作宜種棗棘唐注用首二句司馬貞議無若字及末句詩信南山疏引高田以下十字

謹身節用以養父母

行不爲非釋文爲謹身補三字度財爲費釋文爲節用三字補什一而出釋文公賦既充則私養不闕九字取唐注補

此庶人之孝也

無所復謙釋文箋云孝經說庶人行孝曰畜言能躬耕力農以養其親也疏諸葛孔明便宜十六策曰經云庶人之所好者所好者三字疑所謂孝者四字之譌唯躬耕勤苦謹身節用以養父母制之以財用之以禮豐年

不奢。凶年不儉。素有積蓄。以儲其後。【釋曰】此一節明庶人之孝。元氏云。庶人服田力穡。當用天四時生成之道。分地五土所宜之利。謹慎其身。節省其用。以供養其父母。此則庶人之孝也。案立天之道曰陰與陽。陰陽合而生五行。五氣順布以行四時。生百物。是謂天之道。太史談曰。春生夏長。秋斂冬藏。此天道之大經也。民用之以盡力農畝。春耕夏耘。秋斂冬藏。無或失時。取法於天也。乾始能以美利利天下。地受天氣。生物以養人。而五土山林川澤丘陵墳衍原隰所生不同，民並賴之。是謂地之利。分別土性，各順其高下之宜，以稼穡樹藝，乃能各得其利。取材於地也。人與天地參，此用天之道分地之利。因其質以爲養也。下章則天之明，因地之利，本其性以爲教也。黄氏云：君子資於天地，得其尊親；小人資於天地，得其樂利。小人資其力，君子資其志。君子致其禮，小人致其事。其要於敬養不敢毁傷則一也。案：用天分地，顧養之本。父必謹慎其身，行不爲非，遠兵刑，慎疾病，常念身爲父母之身而不敢忽節省其用量入爲出菲飲食惡衣服常念一日財用匱乏則父母何怙如此則身安力足能奉甘旨備輕暖以養其父母使父母安樂壽考庶人行此可謂孝矣經言士以上之孝皆曰蓋謙若不敢盡之辭於庶人直曰此無所復謙者庶人之孝孝之質也士以上則當由此神而明之以致其精擴而充之以極其大各隨其分以盡尊親之義宏愛敬之施司馬氏光云明自士以上非直養而已當立身揚名保其家國是也夫五孝一

理。庶人之謹其身。推而上之。卽天子至士所以保其天下國家。庶人之養其親。進之。卽士以上之保其社稷宗廟祭祀。但大小精粗有殊。故經文立言詳略語氣輕重亦異。阮氏福說。孔子言庶人之孝。卽曾子所謂以力惡食。小孝用力。思慈愛忘勞。可謂用力矣。大戴禮少閒篇。庶人仰視天文。俯視地理。力時使以聽乎父母。皆其義。簡氏謂或言蓋或言此。互文。混君子野人而一之。非也。然能行庶人之孝。卽已無負天地之性。亦足以爲立身。謹身節用則無惡慢之事。故下文言孝有終始總五等結之庶人之孝不引詩者以下節首句故自天子至於庶人。立文與此節末句緊相承接故也○內則降德於衆兆民。抑搔扶持進食之等皆言敬經云謹身節用。則養中自有敬但所以行敬者。君子與野人當有深淺之別。故坊記云。小人皆能養其親。君子不敬何以辨。又資父事母之禮。如喪服四制所言。實上下之通制庶人亦由之。士乃知其精義耳。嗚呼。古之小人皆能養。今之號爲士大夫者

乃或反不能。大本已墮無所不薄。此惡慢之禍所
以毒偏天下也。○注云春生夏長秋收冬藏者。皮
氏說齊民要術耕田篇引魏文侯曰。民春以力耕。
夏以鏹耘。秋以收斂。朱彝尊經義攷謂是此經之
傳。鄭蓋本之。云高田宜黍稷下田宜稻麥者。元氏
舉職方氏青州宜稻麥雍州宜黍稷爲證。云丘陵
阪險宜種棗棘者。皮氏云。棘亦棗也。詩園有棘。孟
子養其樲棘。皆棗類。棘。一作栗。皮云。史記貨殖列
傳曰安邑千樹棗。燕秦千樹栗。此宜棗栗之地。云

什一而出者。蓋謂什一之賦。能節用則旣出此賦。其餘奉養父母綽有餘裕矣。謹身以奉法。節用以供賦。此資親事君之義所自始。亦卽法言德行制節謹度之義所自始。故庶人之秀者卽進而爲士也。士本出於農民。以食爲天。故鄭說用天分地據農事言。工商亦如之。爾氏引越語夏資皮冬資絺。職方氏揚州其利金錫竹箭。幽州其利魚鹽。攷工記天有時地有氣材有美工有巧。及書酒誥肇牽車牛遠服賈用孝養厥父母爲說。足與注義相輔。

○治要引注冬藏下云順四時以奉事天道事字宜刪棗棘作棗栗下云此分地之利又云行不爲非爲謹身富不奢泰爲節用度財爲費父母不乏也義皆無誤

故自天子至於庶人孝無終始而患不及者未之有也

患禍疏云鄭引倉頡篇爲釋自上至下皆惟孝有終始十字補

故患難不及其身也釋文末之有者四字補言釋文作善云一本作難嚴氏謂難善二本俱誤案善當作言晉謝萬所據本已誤又言字上下皆有脫文行孝

終始不備而患禍不及者自古及今十六字補取漢書顏注
義。末之有也。釋文【箋云】杜欽說不孝則事君不忠涖
官不敬戰陳無勇朋友不信孔子曰孝無終始而
患不及者未之有也漢書本傳【釋曰】此一節承上說庶
人之孝畢遂總結五孝之義首章言孝之始孝之
終因歷說天子以下皆當終始於孝以保其天下
國家身體髮膚先王所以順天下使有慶無患者
如此故自天子至於庶人行孝無終始而患難不
及其身者自古及今未之有也蓋無始者不愛其

親。不敬其親。不孝之罪。固五刑莫大。卽有始而無
終。居上驕。爲下亂。在醜爭。敢於惡人。慢人。亦必患
及其身以及其親。故深戒之。黃氏云。不敢毀傷。孝
之始也。立身顯親。孝之終也。謹身以事親。則有始。
立身以事親。則有終。孝有終始。則道著于天下。行
立於百世。敬愛其身而惡慢終之。案。身當爲始。辟不有初。鮮克有
終。終之實難。且孩提愛親。少長敬兄。人固無不敬愛其始者。放其良心。則不能終矣。小則毀
傷其身。大則毀傷天下。曾子曰。旤患繇生自纖纖
也。君子夙絕之。夙絕之如何。曰。敬而已矣。君子未

有不敬而免於患者也阮氏福云孔曾之學皆以防禍患爲先曾子曰君子患難除之又曰禍之所由生自孅孅也是故君子夙絶之又曰天子日旦思其四海之內戰戰惟恐不能乂也諸侯日旦思其四封之內戰戰惟恐失損之也大夫士日旦思其官戰戰惟恐不能勝也庶人日旦思其事戰戰惟恐刑罰之至也是故臨事而栗者鮮不濟矣是天子至庶人皆恐禍患及身明是曾子發明孝經之義曾子又曰怨言不及於己五者不遂災及乎

身。殺六畜不當及親。吾信之矣。蓋皆謂禍患之及
身而且及親也。孔子於諸侯卿大夫士皆言然後
能保其社稷宗廟祿位。獨於天子庶人未言保守。
故於此總結言及。於禍患五等所同。天子當防患
及也。明皇講此經。不知患及天子之戒。似孔子論
孝之時。已豫括天寶之事。所繫豈不大哉。案黄氏
阮氏說甚精當。首章言孝之始孝之終。此言孝無
終始。明以終始屬之孝道。孝無終始。正反結首章
始終之義。患不及未之有。正反結前數章德教加

於百姓形於四海保守社稷宗廟祭祀及此章謹身之義經文首尾一氣自相表裏義至分明孟子天子不仁不保四海一節正此所謂患及杜欽說不孝則事君不忠云云明孝無終始禍之所以必及所謂五者不遂災及於身也天子終始於孝人之所以參天地也庶人終始於孝人之所以異於禽獸也庶人雖未及乎法天下傳後世然如經文所陳能始終行之即其所以立身而患無由至矣聖人之道務在有始有卒故周易首乾自强不息

堯典始欽禮主於敬論語首學而時習稱仁爲己
任死而後已學本於有恆化成於久道眞積力久
則強立不反政如農功日夜以思思患豫防則身
安而國家可保堯戒曰戰戰栗栗日愼一日詩曰
我日斯邁而月斯征夙興夜寐無忝爾所生是以
君子憂深思遠朝夕匪懈无有師保如臨父母惟
恐百密一疏以釀家國莫大之禍以貽君親之憂
失生民之望傳曰能者養以之福不能者敗以取
禍是故君子勤禮小人盡力否則怠慢忘身禍災

所聚。明皇注此經不從鄭注，訓患爲禍，蓋驕泰之心已萌，知得而不知喪，竟以英明之君而與昏亂者同禍。阮氏謂孔子論孝之時，若已豫見幸蜀之變。蓋聖人垂訓，炳如日月，萬世治亂莫之能外。即今西國之所以能富能强，亦不過上下情通，同心協力，有合於愛之義、實事求是、弗能弗措，有合於敬之義。故西學富强之本，皆得我中學之一端。中國之所以貧弱，不在不知西學，而在自失我中學。聖人之道，得其全者王，得其偏者强，有名而無實甚至背馳而充塞之者亡。夫必實踐我中學而後可以治西學而後可以富强無患因論唐事而附及之〇釋文出注云故患難不及其身也善未之有也善字下云一本作難案善未句難曉陸但就誤文識其異字反覆思之善當爲言形近誤爲善義變又爲難皆不可通言字既誤上下又皆有脫文以致文義乖隔謝萬劉瓛雖曲爲之說而於訓患爲禍之義仍不能合漢書師古注云言人能終始行孝而患不及於道者未之有也患不及於道

卽自患其無終始此本謝萬說於經文語勢殊牽
强實唐注致誤之由又云一說行孝終始不備而
患禍不及者無此事也約鄭注大意解經甚明今
據以補注○治要引注云總說五孝上從天子下
至庶人皆當孝無終始能行孝道故患難不及其
身無字誤嚴氏改有是也謝萬云謂孝行有終始
可證但此節鄭注原本當多脫誤若如此明白謝
萬劉瓛等無庸迂回且可訂正下文脫誤矣然其
義則允又云未之有者言未之有也改釋文善字

爲言。得之。然解如不解。鄭注原本久無可考。師古一說近之。

孝經鄭氏注箋釋卷一

孝經鄭氏注箋釋

姪去申謹題

孝經鄭氏注箋釋卷二

曹元弼學

三才章第七

【釋曰】上言天子至庶人皆孝有終始，推愛親敬親之心以愛人敬人，乃能保其天下國家身體髮膚，有慶無患，即至德要道之實。故此章遂申以順天下之義，孝道之大如此，非聖人強以教人，乃出於民受天地之中以生，所謂天生烝民，有物有則，道之大原出於天也。易曰：立天之道曰陰與陽，立地之道曰柔與剛，立人之道曰仁與義，兼三才而兩之。陰陽之氣，剛柔之質，其至精純者爲仁義之德。太極元氣函三爲一。天地之元，人資之以爲性。五性統於仁義，義出於仁，仁始於孝。孝者，天地人合於一元。人所以爲天地之性最貴者，由此才者性之能。天地之大德曰生，天能生，地能養，人能體天地以相生相養，故曰三才。孝者，元氣生德，才之所以爲才。人道相生相養之本出於天地，故伏羲作易象法乾坤以立人倫，文王繫辭於乾坤皆曰君子孔子贊六十四象皆言君子以此人所以立天地心聖人所以盡性以盡人之性贊天地之化育也此章所陳卽易乾元天則三才定位旣濟之道乃開闢以來聖人繼天地立人極之至教故曾氏之徒以三才名章非苟取天地人之目而已

曾子曰甚哉孝之大也

甚哉二字補。語喟然釋文極歎美之辭五字補。

子曰夫孝天之經也地之義也民之行也釋文行下孟反注同。

孝爲百三字補。行釋文之本二字補。取論語注義箋云春秋繁

露河間獻王問温城董君曰孝經曰夫孝天之經
地之義何謂也對曰天有五行木火土金水是也
木生火火生土土生金金生水水爲冬金爲秋土
爲季夏火爲夏木爲春春主生夏主長季夏主養
秋主收冬主藏藏冬之所成也是故父之所生其
子長之父之所長其子養之父之所養其子成之
諸父所爲其子皆奉承而續行之不敢不致如父
之意盡爲人之道也故五行者五行也由此觀之
父授之子受之乃天之道也故曰夫孝者天之經

也。此之謂也。王曰：善哉。天經既得聞之矣，願聞地之義。對曰：地出雲爲雨，起氣爲風。風雨者，地之所爲。地不敢有其功名，必上之於天。命若從天氣者，故曰天風天雨也。莫曰地風地雨也。勤勞在地，名一歸於天，非至有義，其孰能行此。故下事上，如地事天也。可謂大忠矣。土者，火之子也。五行莫貴於土。土之於四時無所命者，不與火分功名。木名春，火名夏，金名秋，水名冬。忠臣之義，孝子之行取之土。土者，五行最貴者也。其義不可以加矣。五聲莫

貴於宮。五味莫美於甘。五色莫盛於黃。此謂孝者

地之義也。王曰善哉。五行對　延叔堅曰。夫仁人之有

孝。猶四體之有心腹。枝葉之有根本也。聖人知之。

故曰夫孝。天之經也。地之義也。人之行也。君子務

本。本立而道生。孝弟也者。其爲人之本與。後漢書延篤傳

天地之經。而民是則之。

孝弟本亦作悌。恭敬民皆樂之。釋文【箋云】詩鄭說。則。法也。

卷阿箋　是春秋傳作實。

則天之明。因地之利。以順天下。是以其教不肅而成。

其政不嚴而治。釋文：治，直吏反，注同。

則天因地以利導民，故教不駿疾而自成。十六字補。政

不煩苛，釋文而自治。二字補。釋文。箋云：易虞說：乾爲大明，

巽卦。文言曰：利者，義之和也。禮鄭說：肅，駿也。禮運注：

駿，同嚴峻之峻，急疾之意。釋曰：此章言孝道本於天地，聖人因

人所稟於天地自然之性，以利導民而民自化。申

首章以順天下之義。此節推所以順之之原，甚哉。

尤巽推極之辭。曾子聞夫子言立身治天下之道

盡在於孝，故極歎美之曰：甚矣哉，孝道之大也。夫

子乃引而申之曰。夫孝非他。天以元氣生人生物不易之常經也。地順承天以廣生之大義也。民所以相愛相敬相生相養以立萬善之至行也。經常也。義宜也。董子以五行相承說天經。五行一元氣自然之流行。大明終始。維天之命於穆不已。生理無間。是天之常。以地承天及土王四季說地義。天地皆生物。而地之生殖長育必承天而行。土居四時之間。無所不主而無所專主。惟受氣於天者從而生之。直方大。不習无不利。是地之宜。蓋大哉乾元萬物資始至哉坤元萬物資生元者天地之本萬物資之以爲心所謂仁人心也孝爲仁之本元氣之最先見者乾坤合於一元道之大原出於天天不變道亦不變故曰天之經地順承天孝子之行忠臣之義取諸地故曰地之義知孝爲天經地義而人行之莫大於孝可知矣又易乾天也稱乎父坤地也稱乎母乾元統天坤順承天雷風水火山澤等爲六子此天地之道人倫所取法孝爲天經地義民行於是爲著凡良知良能與生俱生出

於自然而不可易得乎人心之所同然而不可違。如戴天履地之必不容倒置爲萬事根本者謂之天經地義。故延叔堅引此經及論語以明孝爲人之本。班孟堅亦云。夫孝天之經地之義民之行。舉大者言。故曰孝經。與經文意義皆密合。天地皆以生生爲常德。地之義所以率天。常。統言則曰天地之經。經文上下義自相足。上云天之經。包地在內。地統於天也。下云天地之經。包義在內。義所以爲經也。天地之所以爲天地。一元氣之生生也。一元氣之生生而條理也。元氣無一息之間，一毫之差。是謂天地之經。在人則爲本心之孝。上文天經地義民行三者並舉，而人生於天地，民行即天經地義之在人者。天地之經而民實法之。故親生之膝下，自然知愛，以養父母日嚴，自然知敬，孝弟恭敬之行。民心皆樂之，聖人先得人心之所同然，法天經開物之明，因地義成務之利，以順天下人心。因其固有而導之。是以其教不待急疾而自成。所謂敬敷五教在寬也。其政不用煩苛而自治。所謂敷政優優君爲正則百姓從正也。蓋天地之元。民實資之乾。以易知坤以簡能。不學而能。不慮而知。故曰天地之經而民是則之。易則易知。簡則易從。易知則有親。易從則有功。有親則可久。有功則可大。易簡而天下之理得。故則天因地以順天下。則人人親其親長其長而天下平。明者天之所以命人者也。孩提之童無不知愛其親。天命之性。生而知之。因其性善而擴充之。是謂則天之明。利者地之所以養人者也。君君臣臣父父子子。則自天子至於庶人各保其天下國家身體髮膚以享土利是謂因地之利明莫著於三辰照臨在人爲知覺條理利莫備於五土高下在人爲名分事業天之明人之所以知愛知敬也地之利人之所以能愛能敬也利者義之和也卽順也地以至順承天則品物咸亨保合大和親親敬長則達之天下和睦無怨記曰君明臣忠父慈子孝兄良弟弟夫義婦聽長惠幼順謂之人義講信修睦謂之人利義利一也未有不義而能利者天地之經民實則之元也

中庸所謂天命之謂性也。則天之明因地之利以順天下。亨也。率性之謂道也。教不肅而成政不嚴而治利貞也。脩道之謂教也。此論其理。下文及下章所言則以乾元亨坤而至於利貞。致中和之事也。夫子論孝此言多與左氏昭二十五年傳子産論禮同。蓋孝爲禮之始。至德要道。其義一也。易大傳孝經論語之言多見於左傳。蓋積古相傳微言大訓。文武之道未墜於地在人。夫子焉不學。多聞擇其善者而從之。此其明驗也。且時人所述古義。

經夫子論定而其理益精所謂羣言淆亂折諸聖也孔子之謂集大成亦於此可窺矣○治要引注云上從天子下至庶人皆當孝無終始曾子乃知孝之爲大無當作有義不誤又云春秋冬夏物有死生天之經也山川高下水泉流通地之義也於孝義殊不密合經言孝爲天經地義非言孝若天經地義也此蓋依託者襲唐注之義然疏引制旨云三辰迭運而一以經之者大和之性也五土分植而一以宜之者大順之理也以大和大順釋天經地

義與孝義合。則自已彌縫其闕矣。又云孝悌恭敬。民之行也。釋文出孝弟恭敬民皆樂之二句。連屬不隔。今將二句割分兩處。且下句民上加下字。顯與陸所見鄭注不合。又云天有四時。地有高下。民居其間當是而則之。是字獨生異解。不合左傳鄭注果爾。釋文正義何不一及。又云則視也。視天四時無失其早晚也。因地高下所宜何等。與元疏意大同。然此庶人章義。非此章義。彼論庶人之事而已。此則通論孝之理。不可混合。又云以用也。用天四時地利。順治天下。下民皆樂之。是以其教不肅而成也。政不煩苛。故不嚴而治也。大旨皆與注疏相近。

先王見教之可以化民也。

見因天地教化民唐注民作人。避太宗諱。今從釋文。之易也。注疏釋文出民之易也四字。箋云春秋繁露曰。孝弟者所以安百姓也。百姓不安。則力其孝弟。身以化之。傳曰。天生之地載之。聖人教之。君者民之心也。民者君之體也。心之所好。體必安之。君之所好。民必從之。故君民者貴孝弟而好禮義重仁廉而輕財利躬親職此於上而萬民聽生善於下矣故曰先王見教之可以化民也爲人者天白虎通曰教者效也上爲之下效之民有質樸不教不成故孝經曰先王見教之可以化民三教

是故先之以博愛而民莫遺其親。

箋云春秋繁露曰先之以博愛教以仁也同前韓退之曰博愛之謂仁孟子曰未有仁而遺其親者也漢書刑法志曰上聖卓然先行敬讓博愛之德者。

衆心說而從之。又曰：仁愛德讓，王道之本。

陳之以德義而民興行。

上好義，好，呼報反，下好禮同。釋文則民莫敢不服。六字依論語補。此及下注好禮，蓋皆引論語爲訓。

先之以敬讓而民不爭。

若文王敬讓於朝，虞芮推畔於田。釋文上行之。三字補。

則下効之。釋文：効，俗字，當作效。

導之以禮樂而民和睦。釋文：導，音道，本或作道。臧云：此當作道，音導，本或作導。論語道千乘之國釋文可證。

上補。此字釋文則民莫敢不敬。補。六字

示之以好惡而民知禁。釋文。好。如字。又呼報反。惡。如字。注同。又烏路反。禁。金鴆反。注同。案好惡當讀去聲。此注蓋以懲惡勸善說好惡。學者見注有惡字。遂謂鄭讀如字耳。勸善懲。補。三字。惡。釋文。示民有常。則民知。補。七字。禁。釋文。箋云禮緇衣記曰。君民者章好以示民俗。愼惡以御民之淫。則民不惑矣。鄭氏引孝經曰示之以好惡而民知禁。釋曰此節正言順之之事。言教而政在其中。天之生此民。使先知覺後知。先覺覺後覺。聖人以道覺民。而教立焉。政之所由起也。先王見教之可以化民。言見則天因地以施教之順乎人心。可以化民使和睦無怨也。因是之故。以至德要道之有於己者推之人。率先之以博愛。而民天良感發。無或遺棄其親。又陳列之以德義。而民皆興起爲善行。率先之以恭敬辭讓。而民自不爭。因導引之以禮樂。而民相和睦。此四者。先王之所好。亦人心之所同好也。反是則先王之所惡。亦人心之所同惡也。有諸己而后求諸人。無諸己而后非諸人。明示之以好惡。而民自知所禁矣。此教所以不肅而成。郎政所以不嚴而治。皆則天因地由孝而出。後章所謂其所因者本也。黄氏謂此皆孝教。教以因道。道以因性。行其至順而先王無事焉。博愛者。孝之施也。德義者。孝之制也。敬讓者。孝之致也。禮樂者。孝之文也。好惡者。孝之情也。五者先王之所以教也。虞書百姓不親。五品不遜。汝作司徒。敬敷五教在寬。敬寬在於上。親遜著於下。二者唐虞之所以成治也。以唐虞之教成唐虞之治。而聖賢德業配於天地矣。案先王之教。皆因天所命生人之性而以盡其性者盡人之性。見者。先知先覺也。則天因地以順天下。以天治人也。見教之可以化民。因其固有而利導之。以人治人也。先之以博愛。先之以敬讓。以己治人也。以身教者從。至誠而不動者未之有也。博愛者。本愛親之心以愛人。民興於愛。則惻然自動其孩提愛親之心。故莫遺其親。博愛。仁也。未有仁而遺其親者。聖人惟博愛。故民歸之而從其教。伏義至純厚。所以能通神明之德。類萬物之情。聖人之所謂博愛者。親親而仁民。言愛則莫先愛親。愛親則自能愛人。故此經言先之以博愛而民莫遺其親。與論語言君子篤於親則民興於仁理正一貫。本經天子愛敬盡於事親而德教加於百姓。則庶人各謹身節用以養父母。卽此句之明義。文王施仁。降德於國人。而民無凍餒之老。是其事也。德若周禮三德六德。義謂十義。愛親之心。德之本也。仁者仁此。義者宜此。忠者中此。信者信此。以爲君則明。以爲臣則忠。以爲兄則良。以爲弟則弟。以爲長則惠。以爲幼則順。無所處而不當也。陳者。張。設布列之意。民既動其愛親之心。則可陳之以德義。而百行立矣。敬讓者。推敬親之心以敬人。敬則必讓。元氏云。鄉飲酒義云。先禮而後財。則民作敬讓而不爭矣。言君身先行敬讓。則天下自息貪競。案。恭敬之心。人皆有之。辭讓之心。人皆有之。凡有血氣。皆有爭心。而人爲物靈。能相人偶。則皆有敬讓之心。先之以敬讓。則民自消其桀驁不馴之氣。平其貪得無厭之心。而無鬬辯暴亂之患矣。先之以博愛。先之以敬讓。以愛敬先天下也。博愛，仁也。德義之所從出也。敬者，禮之本。讓者，禮之實。樂與禮同體，能博愛敬讓，而後可以語禮樂。禮者，明父子君臣夫婦長幼朋友之倫，以各正性命者也。樂者，達父慈子孝兄良弟弟夫義婦聽長惠幼順君仁臣忠之情，以保合大和者也。導之以禮樂，則民心合敬同愛而和睦矣。古者比閭族黨屬民讀法，書其孝弟敬敏任恤有學者。冠昏喪祭相見既事爲之制，而又習之鄉飲酒鄉射之禮。工歌笙閒合樂之等，鼓之舞之，使其心志百體皆由順正履中蹈和而不自知。故先王之教禮樂可謂盛矣。以上四者。由愛親之心以愛人。而德義興焉。由敬親之心以敬人。敬以行愛。而禮樂成焉。順是則講信修睦謂之人利。則天因地。人心所同好。是先王之所好也。反是則爭奪相殺謂之人患。逆於天地。人心所同惡。是先王之所惡也。誠好善。知德之本。示之以所好。則民不賞而勸。所謂上好仁則下之爲仁爭先人也。誠惡惡。知刑之本。示之以所惡。則民不威而懲。所謂苟子之不欲雖賞之不竊也。如是則教化既行，政令不煩，而民自知禁矣。

說文：禁，吉凶之忌也。从示。示之以好惡，則民有恥且格。而於不善之事，若避吉凶之忌而莫敢犯，然此大學誠意之功，由如惡惡臭、如好好色，積而至於大畏民志，使無訟者也。先王因天地教化民之易如此，孝之所以爲大，至德要道之於天下所以爲順也。民之化與不化，視上所爲之順與不順，非嚴肅所能强也。故下引詩以明之。○注引論語上好義、上好禮二句，蓋此文辭氣與論語正同。上之所好。民之歸也。順以教之。則無不化矣。董子所說。深得經旨。注又云虞芮推畔者。謂各讓其界畔之閒田也。○注見因句。治要同。又引注云。先修人事。流化於民也。先修人事句殊無意義。蓋依託者摘取元疏人事則之人事因之之文而失之過略。致不成義。上好禮上好義。皆引論語全句。服下有也字。田作野。下云。上行之則下效法之。較釋文多法字。又云。善者賞之。惡者罰之。民知禁不敢爲非也。於不肅不嚴之義似未協。

詩云。赫赫師尹。民具爾依上經例。鄭本當作爾。瞻。師尹。若冢宰之屬也。女當視民釋文所則而順之。五字依上經義補。

箋云 詩毛鄭說。赫赫。顯盛貌。師尹。尹氏爲大師。具。俱。瞻。視。言女居三公之位。民俱視女之所爲。

釋曰 詩。小雅節南山之篇。言天子大臣居高位。民皆於汝乎視瞻。汝能視民所則天地之經而順之。則民自化。否則邪辟失道。民無則焉。上有好者。下必有甚。汝欲善而民善。無庸恃赫赫之勢而以嚴肅爲治也。上稱先王而引詩師尹者。君相道同。

爲人上者。總當率彼天常以身化下。故緇衣說禹立三年百姓以仁遂。并引甫刑一人有慶二句及此詩二句。與孝經天子章引甫刑證德教加於百姓。此章引此詩反證先王教可以化民意正同。皇氏謂無先王在上之詩。斷章取此。固非。唐注謂大臣助君行化。元氏因以兩先之屬君陳之導之示之等屬臣。亦失之泥。詩刺師尹。正以刺王。民具爾瞻。大臣如此。況其爲天下君乎。阮氏福謂周禮師氏教三德。三曰孝德以知逆惡。教三行。一曰孝行以親父母。孝教出於師。況乎太師。孔子引此詩。意固在民瞻。亦節取師字以爲政教之證。或一義。○注云若冢宰之屬者。詩疏云。以此刺其專恣。是三公用事者。明兼冢宰以統羣職是也。

孝治章第八

釋曰此章蒙上則天因地以順天下之文。言明王本教以爲政。即先之以博愛。先之以敬讓之事。而德義禮樂好惡皆於是乎見。蓋隱括五孝終始有慶無患之旨。以申民用和睦上下無怨之義。故以孝治名章。孝爲德之本。教之所由生。卽政之所由起。推愛親敬親之心。以愛敬天下。本愛敬之心行愛敬之政。萃天下之歡心。以愛敬其親。而天下合敬同愛矣。是之謂孝治。古者政皆出於教。伏羲作十言之教。定人倫以興王道。堯舜之道。孝弟而已。三代之學。皆明人倫。大學言治國曰不出家而成教於國。言平天下曰興孝興弟。中庸言脩道之謂教。極於致中和贊化育。三代以後。有道之君所以治天下者。皆本孔子六經之教。而孝經尤爲教本。

明王以孝治天下一語實括人倫王道之全此中國盛隆之時所以爲普天大地中至治之國而聖人至德所以凡有血氣莫不尊親也。

子曰昔者明王之以孝治天下也不敢遺小國之臣而況於公侯伯子男乎。釋文昔正皆放此然則經內字皆作昔今作昔隸變。昔疑當依經作昔古也公羊序疏古者諸侯歲遣大夫補八字聘問天子無恙釋文雖小國之臣以時接見乎天子待之以禮不敢遺也二十字補以時接見取喪服傳義。古者諸侯五年一朝釋文直遙反下注同天子使世子郊迎芻禾御覽作米今依釋文百車以客禮待之晝坐正殿夜設庭尞釋文尞本亦作燎、御覽同或本。思與相見問其勞苦也。太平御覽一百四十七釋文出五年一朝郊迎芻禾百車以客夜設庭尞十六字。客字音下空一格。云本或作以客禮待之。臧謂此後人校語。據釋文別本如此。孝經釋文多紀全句。此本是。周禮大行人疏引世子郊迎四字。儀禮覲禮疏引天子使世子郊迎一句公者正也。四字用疏引舊解補。當爲于僞反下皆同王者釋文正行其事。四字用舊解補。侯者候伺。釋文爲釋文云下皆同則爲字重見非一。王斥候而服事。六字用周禮職方氏疏及舊解補。伯者長。釋文丁丈反下同。爲王者長人也。爲長二字見釋文注補四字成句。子者字。字愛於小人也。九字用舊解補。男者任也。釋文案男任聲通，以疊韻爲訓。言任王之職事也。七字用舊解補。德不倍者不異其爵，功不倍者不異其土，故轉相半，別優劣。禮記王制疏。釋文出德不倍別優五字。

故得萬國之歡心以事其先王。釋文。歡字亦作懽。案今本作懽。

諸侯五年一朝天子，天子亦五年一巡守。禮記王制疏。釋文出五年一巡守五字。勞來，釋文。撫綏，使遠方無不得其所。故萬國各脩其職，盡其歡心來助祭。二十四字約公羊隱八年解詁及元疏義補。

箋　公羊何氏說：王者與諸侯別治，勢不得朝朝暮夕，故即位比年使大夫小聘，三年使上卿大聘，四年又使大夫小聘，五年一朝，王者亦貴得天下之歡心以事其先王，因助祭以述其職。釋曰：則天因地以順天下，教之而化，卽治之而治，故此章遂言明王孝治天下，以申和睦無怨之義，與上章本意理一貫，以語勢更端，故别稱子曰。後可例推。昔者明王之以孝治天下也，此句統領全章爲此節發端。魯語「古曰在昔，昔曰先民，昔者明王」，謂古先聖明之王，卽以至德要道順天下之先王。前數章歷稱先王，此變文者，避下事其先王之文。

蓋前章先王卽此明王。下文先王。則其祖考也。以孝治天下。謂以孝道治天下。推愛親敬親之心。以行愛敬天下之政。下治國治家。皆蒙此以孝之文。不敢遺及下不敢侮不敢失。皆所謂不敢惡於人不敢慢於人也。言昔者明王之以孝道順治天下也。於四海之內無不愛無不敬。不敢遺忽於小國之臣。而況於五等列國之君乎。故得萬國之歡心。合其愛敬以事其先王。蓋以孝爲治。而治正所以爲孝也。黃氏云。愛敬著於心。則惡慢遠於人。惡慢著於心，則怨讟生於下矣。聚順承懽，人道之至大者也。孟子曰：舜盡事親之道而瞽瞍厎豫，瞽瞍厎豫而天下化，瞽瞍厎豫而天下之爲父子者定。若舜可謂得萬國之歡心者矣。案舜盡事親之道，生則厎豫而天下化，尊親之至，以天下養，没則合萬國之歡心以祭。書曰：祖考來格，羣后德讓。此舜免瞽瞍之喪，奏韶樂以祭宗廟也。書大傳說天下諸侯見於周廟，皆金聲玉色，曰：嗟子乎，此吾先君文武之風也夫。其歡心可想見矣。周禮大行人曰。

時聘以結諸侯之好。注云。諸侯使大夫來聘親以禮見之。禮而遣之。以結其恩好。詩曰。嗟嗟臣工。敬爾在公。王釐爾成。來咨來茹。言王平理汝之成功。有事當來謀度之。大行人掌客諸職言待諸侯之禮至備。詩曰。無封靡於爾邦。維王其崇之。中庸曰。繼絶世。舉廢國。治亂持危。朝聘以時。厚往而薄來。所以懷諸侯也。明王待諸侯及其臣如此。所以得萬國之歡心也。王者於天下之人無不愛敬。此以卑況尊。獨言小國之臣者。古之治天下以諸侯。而小大庶邦所與共牧民者其臣也。小國之臣皆感激恩禮敬服王命。勉助其君以惠恤羣黎稼穡匪懈。則天下之民無不被王之愛敬矣。書所謂協和萬國黎民於變時雍也。以天子之尊而於小國之臣曰不敢者。明乎聖人仁覆天下。無衆寡。無小大。一以肫懇慎重之意待之。各隨其分以致吾愛敬。惟然故以誠感誠。得其歡心。而萬國如一體。以承歡於先王也。曰歡心。則百辟無不役志於享者矣。此節申言天子之孝。○注云聘問天子無恙。又云五年一朝者，據公羊疏謂何氏解詁即位比年三句本孝經說及五年一朝，皆與王制合。鄭君注孝經在注禮前，蓋據王制及孝經說爲義，後乃據周禮經正文及古尚書說考定虞夏及周朝聘之年。以比年一小聘，三年一大聘，五年一朝，爲晉文霸制。詳禮記疏。白虎通朝聘篇曰：所以制朝聘之禮何？以尊君父，重孝道也。夫臣之事君，猶子之事父。欲全臣子之恩，一統尊君，故必朝聘也。聘者，問也。緣臣子欲知其君父無恙，又當奉土地所生珍物以助祭也。又曰。諸侯朝聘天子無恙。法度得無變更。所以考禮正刑壹德以尊天子也。此注問無恙之義。朝聘本出於尊君父之心。天子待之以禮。見周禮大行人掌客等職。至詳至備。可謂不敢遺矣。君使臣以禮。則臣事君以忠。所以能得歡心也。云天子使世子郊迎者。皮氏云。書大傳天子太子年十八曰孟侯。於四方諸侯來朝。迎於郊。賈公彥禮疏以爲異代之法。非周制。依康誥孟侯伏生鄭君之義。則周初猶沿世子迎侯之制。或周公制禮始改之云芻禾百車者大分言之諸侯名位不同禮亦異數詳周禮云以客禮待之者天子於諸侯有不純臣之義故朝覲宗遇會同聘覜皆屬賓禮大行人謂來朝者爲大賓來聘者爲大客若二王之後王所不臣則禮又有異者矣云晝坐正殿者燕禮注云人君爲殿屋蓋人君之堂其屋四注秦漢以後名爲殿鄭據漢法言之五等名義疏引舊解大旨與鄭同正行其事可與釋文引注當爲王者相屬疑其本鄭故酌取之侯取候伺周禮疏云爲

王斥候史記李廣傳索隱曰。斥。度也。候。視也。望也。蓋備豫不虞之義。建侯爵土之制。並詳書禮云天子五年一巡守者。此唐虞之制。公羊隱八年傳解詁曰。天下雖平。恐遠方獨有不得其所。故五年親自巡守。今取其義云。來助祭者據聖治章義。白虎通云。朝皆以夏之孟四月。因留助祭。是也。◯治要引注云。古者諸侯歲遣大夫聘問天子。天子待之以禮。此不遺小國之臣者也。義無誤。又有古者諸侯五年一朝四句。重天子二字。又云諸侯五年一朝天子。各以其職來助祭宗廟。是得萬國之歡心事其先王也。亦無誤。

治國者。不敢侮於鰥寡。而況於士民乎。

治國。謂諸侯。五字依下節注例補。丈夫六十無妻曰鰥。婦人五十無夫曰寡。詩桃夭疏禮記王制疏丈夫作男子廣韻二十八山文選潘安仁閑中詩注均摘引士知義理。疏引舊解民謂凡庶。八字補。

故得百姓之歡心。以事其先君。

箋曰記曰。天子之祭也。與天下樂之。諸侯之祭也與竟內樂之。釋曰明王以孝治天下。則先之以博愛而天下皆興於孝。有國有家者皆以孝治其所統矣。此節申言諸侯之孝。言以孝治國者推愛親敬親之心以愛敬其國人。不敢輕侮於鰥夫寡婦至微弱之人。而況於知義理之士庶之民乎。故得百姓之歡心。合其愛敬以孝事其先君。說文。侮。傷也。傷。輕也。常人之情。往往輕𢜶獨而畏高明。孝子仁人則一視同仁。皆以肫懇慎重之意視之。各稱其情以行吾愛敬。鰥寡則矜之恤之。使皆有所養。士民則富之教之。使各得其所。於人之所忽者而無敢忽則於人之所不忽者可知矣鰥寡孤獨天下之窮民而無告者文王發政施仁必先斯四者舉鰥寡則孤獨在其中彼其孤苦無依朝不及夕苟不先之即侮之也文王先是四者非以其他士民爲可後也聖人愛民如天地之萬物並育父母之衆子均養微弱幽隱不敢稍忽情無不達則濟濟之士元元之民可知矣故曰不敢侮於鰥寡而況於士民乎鰥寡免於戚戚近死之嗟士民皆有熙熙樂生之心所以得百姓之歡心以事其先

君也詩曰雨我公田遂及我私言民皆愛其上先公後私也又曰彼有遺秉此有滯穗伊寡婦之利言民皆化於上惠恤鰥寡也又曰曾孫不怒農夫克敏曾孫之穡以爲酒食祀事孔明先祖是皇春秋傳說奉牲以告謂民力之普存也奉盛以告謂其三時不害而民和年豐也奉酒醴以告謂其上下皆有嘉德而無違心也是合百姓之愛敬以承歡於先君也黃氏云治國而侮士民則驕溢之過也驕溢者富貴之過也驕溢不長存富貴不長保

故失社稷怒人民者比比也書曰懷保小民惠鮮
鰥寡自朝至于日中昃不遑暇食用咸和萬民詩
曰惠于宗公神罔是怨神罔是恫文王之謂也案
天子之有萬國諸侯之有百姓皆先王先君之所
留遺也不得其歡心則先王先君之神其怨恫矣
故天子必使四海之內無一夫不獲諸侯必使竟
內之子孫無凍餒而後爲能事先王先君也不敢
遺不敢侮不敢失盡人之性也盡人之性正以盡
吾之性無他孝而已矣○補云治國謂諸侯者明

皇用魏注如此。此與下釋治家文法一例。或疏魏字係鄭之誤。上云明王治天下，故知治國謂諸侯。實則不敢侮鰥寡士民，天子自治王國亦然。諸侯正奉天子之政也。鰥寡，鄭皆據老者言。蓋衰老不復能嫁娶，或貧困不能自存，上必加惠以全其生。若婦人少寡，能守從一之義，孝事舅姑，長育孤子，或隻身無依，寧餓死不失節者，尤當敬禮旌表，乃爲不侮，非徒存恤而已。○治要引注云治國者，諸侯也。不誤。

治家者不敢失於臣妾，而況於妻子乎。

治家謂卿大夫。注疏治唐注此字避諱作理，今改。臣補。男子賤稱。釋文：稱，尺證反，下同。妾女子賤四字稱釋文補。箋云：孔子曰：昔三代明王之政，必敬其妻子也，有道。妻也者，親之主也，敢不敬與。子也者，親之後也，敢不敬與。

故得人之歡心，以事其親。

小大盡節。釋文助其奉三字用唐注補養。釋文箋云：中庸曰：詩曰：妻子好合，如鼓瑟琴。兄弟既翕，和樂且耽。宜爾室家，樂爾妻帑。子曰：父母其順矣乎。朱子章句義釋曰此節申言卿大夫之孝。而士庶人亦在其中。言以孝治家者。推愛親敬親之心以愛敬其家人。不敢失於臣妾賤者。而況於妻爲親之主子爲親之後者乎。故得家人小大之歡心。合其愛敬以孝事其親也。失。謂失道。孟子曰。身不行道。不行於妻子。使人不以道。不能行於妻子。妻者。與己共養親者也。子者。隨己以養親者也。臣妾者。助己以安親養親者也。孝子之有深愛者。其和氣愉色婉容。視無形。聽無聲。惟悅親是求。既足以深感妻子以及臣妾之心。且非法不言。非道不行。勗帥以敬。使人心服。而曲體人情。不欲勿施。又足以使在家無怨。故妻子皆篤於承歡。而臣妾亦勸於效力。一家之內。皆和氣所彌綸。而父母安樂之。以皓皓眉壽也。史稱萬石君子孫勝冠者在側。雖燕必冠。申申如也。僮僕訢訢如也。其子建爲郎中令。已白首。萬石君尚無恙。每五日洗沐。歸謁親。入子舍。竊問侍者。取親中帬廁牏身自澣洒。復與侍者。不敢令萬石君知之。以爲常。近曾氏國藩述其父麟書之行曰。大父病痿痹。動止不良。喑不能言。卽有所需。以頤使。以目求。卽有苦。壁額而已。府君朝夕奉侍。常先意而得之。夜侍寢處。大父雅不欲頻煩驚召。而宅僕殊不稱意。前後洩盆數。一夕六七起。府君時其將起。則進器承之。少閒又如之。聽於無聲。不失分寸。嚴寒大洩。則令他人啟移手足。而身翼護之。或微沾汗。輒滌除。易中衣。拂動甚微。終宵惕息。明旦則季父入侍。奉事一如府君之法。久而諸孫孫婦。內外長幼。感化訓習。爭取垢汙襦袴浣濯爲樂。不知其有臭穢，或挽復輿遊戲庭中，各有常程。大父病凡三載，有奇。府君未嘗得一安枕，愈久而彌敬。是時府君年六十矣。案事親如此，其家人有不化而以就養服勤爲歡者乎？事親如此，其於家人有不推情盡禮而各得其歡，以就養服勤者乎？我先祖先考妣先兄之行，實大類此。元謹敬述爲家傳。臣妾有二義，一以人倫言，禮喪服斬衰三年章君注曰：天子諸侯及卿大夫有地者皆曰君。又妾爲君注曰：妾謂夫爲君者，不得體之，加尊之也。此卿大夫之家臣及媵妾。家臣如室老士之等。佐治家政。以安我親者也。媵佐君與女君以共事親者也。一以人類言。周禮九職。八曰臣妾聚斂疏材。注曰。臣妾。男女貧賤之稱。書費誓曰。誘臣妾。蓋如後世之奴婢。注以爲男女賤稱。於尤賤者尚不敢失。則貴者可知矣。注又云小大盡節。元疏云。小謂臣妾。大謂妻子。是也。卿大夫兼有臣妾。士有妾而無臣。詳禮經校釋。亦有隸屬之人。庶人亦有分親等衰。要皆得其歡心。乃能與共事親。天子諸侯繼世而立。故云先王先君。大夫不世位，以才進，祿可逮養，故云事親。
若受命之天子，始封之諸侯，有父及繼世之君，事
母，則皆以天下以國致歡奉養。大夫親沒者，亦保
建家室，以敬事宗廟，經義皆包見之。○唐氏文治
云：或問孝以躬率妻子爲務，而此經先言不敢失
於臣妾，何也？曰：此更有精義存焉。大凡士庶人之
家，人子類能帥妻子以躬養其親，飲食親嘗，牀簟
親拂，杖屨親奉。逮卿大夫以上，家畜臣妾，父子異
宮，其事親也，轉不能如士庶人之躬親。於是父母

之起居飲食衣服寒煖飢飽燥濕之宜胥有賴於臣妾即情志之喜怒鬱愉年歲之脩短實懸於此輩之手如是而可失乎思之且通身汗下矣故愚嘗謂卿大夫以上當備知以上所言之義其官守之清閒者能如士庶人之朝夕常侍其親不離左右固爲最善不得已則宜令妻子深喻此義躬養其親再不得已則分其職於臣妾而不敢失一語不特在己當書紳亦當令妻子敬守之也孔子有言惟女子與小人爲難養也家之釁嫌半多啟於

臣妾務宜選温良謹順而合乎親意者此尤治家之要務也案唐氏孝行甚篤此說悱惻純至皆由中之言

夫然故生則親安之

養補。則致此字從攵他皆放此俗作攵非其樂釋文 此注蓋引紀孝行章文今據補。

祭則鬼享之

祭則致其嚴補。五字箋云潛夫論曰孝經云夫然故生則親安之祭則鬼享之由此觀之德義無違神乃享鬼神受享福祚乃隆故詩云降福穰穰降福簡簡威儀反反既醉既飽福祿來反此言人德義茂美神歆享醉飽乃反報之以福也享古文作亯說文曰亯獻也言人獻於神此製字本義从高省曰象孰物形孝經曰祭則鬼亯之言神饗其所獻引申義

是以天下和平災害不生禍亂不作故明王之以孝治天下也如此

箋云漢書禮樂志說周太平制禮曰於是教化浹洽民用和睦災害不生禍亂不作囹圄空虛四十

餘年。【釋曰】此節結言民用和睦上下無怨之義。上言以孝治天下治國治家者皆得歡心以助其奉養祭祀。夫如是故生則親安其養。合天下國家之歡心以致其樂安之至也。沒則鬼享其祭。人神曰鬼。合天下國家之歡心以致其嚴。惟孝子爲能饗親。饗者鄉也。鄉之然後能饗也。亨饗通。所以盡孝者如是。是以天下和睦無怨而太平。鬼神饗德而災害不生。物無不懷仁而禍亂不作。蓋王者以孝治天下。則使有國者以孝治其國。有家者以孝治其家天下合敬同愛。惟明王順之而得其歡心。故明王之以孝治天下也如此。所謂一人有慶兆民賴之。孝有終始則患不及。教可以化民。於是大彰明較著。此孝所以爲天經地義。其道莫大也。祭義曰。養可能也。敬爲難。敬可能也。安爲難。又曰。君子生則敬養。死則敬享。祭統曰。祭者所以追養繼孝也。范氏祖禹云。知幽莫如顯。知死莫如生。能事親則能事神。故生則親安之。祭則鬼享之。其理然也。夫孝。置之而塞乎天地。溥之而横乎四海。推一人之心而至於陰陽和風雨時。故災害不生。禮樂興。刑罰措。故禍亂不作。以天下之大而莫不順於一人。惟能孝也。黃氏云。甚矣聚順之大也。聚天下之懽心以致二人之養。是薦上帝配祖考之所從始也。生則聚順以爲養。死則聚順以爲祭。是仁人孝子之極致也。阮氏云。此反覆申明首章民用和睦上下無怨之義。自古民之怨秦怨隋極矣。是以禍亂速作。唐之天寶。宋之新法。亦皆怨而不和。是以災害禍亂。惟民心和睦者。天下必乃太平。孔子之言。

歷歷明驗矣。案上章及此極言孝道之大。卽易旣濟之事。天經地義民行。太極本體。三才定位也。見教之可以化民。乾元亨坤則利貞也。明王以孝治天下得萬國之歡心以事先王。乾元用九天下治。成旣濟定也。治國治家者各得其歡心以事先君事親。六十四卦皆資始於乾元。一卦有一卦之旣濟也。事親以歡心爲大。歡心得則天下和平。災害不生。禍亂不作。乾道變化。各正性命。保合大和。雲行雨施而天下平。所謂聖人感人心而天下和平也。此伏羲定人倫贊化育之極功。五帝三王皆同此道。易盡言孝道而繼以臨。說而順教思无窮。容保民無彊。咸臨吉无不利。大君之宜。萃王假有廟致孝享。順以說。故聚。觀其所聚而天地萬物之情可見。皆此義。天反時爲災。地反物爲妖。民反德爲亂。亂則妖災生。君君臣臣父父子子。人人親其親長其長而天下平。則順氣洋溢。民和協於天地之性。而五福降。六沴消。人各得其所大欲而遠其所大惡。相生相養而殺機無由作矣。此易吉凶洪範

休咎垂教之大義○治要引注云養則致其樂故
親安之也亯作饗引注云祭則致其嚴故鬼饗之
饗字與釋文不合又云上下無怨故和平又云風
雨順時百穀成孰又云君惠臣忠父慈子孝是以
禍亂無緣得起也又云故上明王所以災害不生
禍亂不作以孝治天下故致於此義皆無誤
詩云有覺德行四國順之釋文行下孟反注同
覺大也注疏釋文訓同有大德三字補行釋文則天下順從
其政七字補用詩箋語【釋曰】詩大雅抑之篇引以證明王

孝治天下和平之義。孝爲至德。人行莫大。是大德行。明王有大德行。則博愛廣敬。盡得天下之歡心。四方之國皆順之。而和睦無怨矣。引詩順字與上章以順天下相應。即遥結首章順字之義。順之而順。所以教不肅而成。政不嚴而治也。○治要引注云。覺。大也。有大德行。四方之國順而行之也。義無誤。然疑用唐注。

聖治章第九

【釋】上兩章言孝爲天經地義。民是則之。先王深見教之可以化民。本之以治天下而天下大順。此章又推極探本反覆論之。以申首章孝爲德本教所由生之義。蓋聖人至德所以順治天下者在愛敬。而愛敬之本出於孝。治始於伏羲而成於堯舜。三王道同。至周公制禮而極盛。自古天下之治禮教之備莫如周公之時。而其道不外乎孝。孝之極卽治之極。卽聖人之德之極。故以聖治名章。

曾子曰。敢問聖人之德無以加於孝乎。釋文。聖。從王正。從壬非。案說文。聖。通也。从耳。呈聲。呈从口。壬聲。壬。篆作𡈼。他鼎切。子曰。天地之性人爲貴。

貴其異於萬物也。疏注箋云：董子曰：「天地之精所以生物者，莫貴於人。人受命乎天也，故超然有以倚。物疢疾莫能爲仁義，惟人獨能爲仁義。物疢疾莫能偶天地，惟人獨能偶天地。人有三百六十節，偶天之數也。形體骨肉，偶地之厚也。上有耳目聰明，日月之象也。體有空竅理脈，川谷之象也。心有哀樂喜怒，神氣之類也。觀人之體，一何高物之甚，而類於天也。物旁折取天之陰陽以生活耳，而人乃爛然有其文理。是故凡物之形，莫不伏從旁折天地而行。人獨題直立端尚正。正當之。是故所取天地少者旁折之。所取天地多者正當之。此見人之絶於物而參天地。春秋繁露人副天數又曰。人受命於天。固超然異於羣生。入有父子兄弟之親。出有君臣上下之誼。會聚相遇則有耆老長幼之施。粲然有文以相接。驩然有恩以相愛。此人之所以貴也。生五穀以食之。桑麻以衣之。六畜以養之。服牛乘馬。圈豹檻虎。是其得天之靈。貴於物也。故孔子曰。天地之性人爲貴。本傳對策人之行莫大於孝。

孝者德之本也。六字用唐注補。與首章義互明。

孝莫大於嚴父，嚴父莫大於配天，則周公其人也。

箋云　禮記鄭說：嚴猶尊也。大傳注　白虎通曰：王者所以祭天何緣事父以事天也。郊祀　易鄭說：祀上帝以配祖考者，使與天同享其功也。豫卦注　平當曰：夫孝子善述人之志，周公既成文武之業，制作禮樂，修嚴父配天之事，知文王不欲以子臨父，故推而序之，上及於后稷而以配天，此聖人之德亡以加於

孝也。漢書本傳

昔者周公郊祀后稷以配天。

郊者祭天之名。宋書禮志三后稷周公始祖。六字據東釋文補

方青帝靈威仰周爲木德威仰木帝以后稷配蒼龍精也。疏今本疏木帝下有脫文阮氏福據儀禮經傳通解續補廿五字有以后稷配句。

宗祀文王於明堂以配上帝。

明堂者天子布政之堂明堂之制八窻四闥上圓下方在國之南。玉海郊祀明堂御覽一百八十八白孔六帖十俱節引疏引窻作牖在作居南是明陽之地故曰明堂。疏上帝者天之

別名也。禪無二主，故異其處，辟音避。此字從釋文。后稷也。史記封禪書集解、續漢書祭祀志中注無上也字。宋書禮志三作明堂異處以避后稷。南齊書禮志上、困學記聞七、唐書王仲丘傳引作上帝亦天也，神無二主，但異其處，以避后稷。釋文出故異其處辟后稷也八字。箋云：禮記鄭說，郊祀后稷以配天，配靈威仰也；宗祀文王於明堂以配上帝，汎配五帝也。大傳注

是以四海之內，各以其職來祭。

周公致孝享，崇禮七字補。於朝，釋文德教形於四海，至

於八字補越嘗重譯釋文來貢。至德感應，無思不服。十字

取感應章經注補。箋云：書大傳說，周公卜洛邑，營成周，立宗廟，序祭祀，制禮樂，一統天下，合和四海，而致諸侯，皆莫不依紳端冕以奉祭祀者。天下諸侯之悉來進受命於周，而退見文武之尸者，千七百七十三諸侯，皆莫不磬折玉音金聲玉色，然後周公與升歌而絃文武。諸侯在廟中者，伋然淵其志，和其情，愀然若復見文武之身，然後曰：嗟子乎！此蓋吾先君文武之風也夫！故周人追祖文王而宗武王也。

夫聖人之德，又何以加於孝乎。

【釋曰】此章言聖人至德光被四表，不過盡孝之能事。蓋聖人治天下之道盡於愛敬，而愛敬之本出於愛親敬親之心，與生俱生。此心置之而塞乎天地，溥之而横乎四海，是以因性立教，而天下之治出焉。此孝所以爲德之本，教所由生也。曾子問聖人之德無以加於孝，否，因上文夫子極言孝道之大，欲更推闡以盡其義，故發此問。夫子申言之曰：聖人者，體天地立人極者也。天地以元氣生人生

物。萬物資始於乾。資生於坤。各得天地之性以爲
性。而物得其粗。人得其精。物得其偏。人得其全。故
天地之性人爲最貴。天地之性。即元亨利貞易簡
之善。在人爲仁義禮智信之德。而五常皆出於仁。
仁本於孝。因性以立行。父子有親。君臣有義。夫婦
有別。長幼有序。朋友有信。親親而仁民。仁民而愛
物。德可久。業可大。而五倫始於父子。百行皆由此
推。故人之行莫大於孝。孝之道盡愛敬於父母。而
天之生物使之一本。家無二尊。母統於父。類族辯

物則血統相傳百世不亂。由父而祖而曾高而始祖。以推極於天。繼志述事。堂構負荷。則有子克家。資於事父以事母。生則子婦極甘旨盡歡心以養。没則鋪筵同几以配而享。敬守其父之業。乃能安樂其母。故孝莫大於尊嚴其父。嚴父之道。父作之子述之。生則敬養。没則敬享。仁人事親如事天。事天如事親。此理雖無限尊卑。而聖人在天子之位。太平德洽。率天下尊其親以配天。尤爲立孝道之極。故嚴父莫大於配天。則古之聖人周公是其人

也。昔者武王崩，成王幼，周公攝天子之政，明光上
下，勤施四方，誕保文武受命，格於皇天，攝政五年，
於洛邑行郊禮祀天，本文王受命所自來，以始祖
后稷配，又於明堂行宗禮祀上帝，以文王配，周公
以孝治天下，行嚴父尊祖配天之禮如是，是以四
海之內諸侯各以其職貢來助祭，夫然，則聖人之
德，又何以加於孝乎。蓋大孝尊親，博施備物，使天
之所生，地之所養，祖父之所全付，凡有血氣，無不
被我愛敬，以萬國之歡心事其先王，集天下之和

氣升之郊廟。而後爲無所毀傷。而後孝之能事畢。郊祀宗祀配以祖父。此周公立人倫之極爲制禮之本。孝莫大於嚴父。故周禮以尊尊統親親。萬世彝倫於是敘焉。此節之文義理深廣。此述其略。更推說之如下。○天地之性人爲貴。民受天地之中以生。記曰。人者。天地之德。五行之秀氣。故聖人作易順性命之理。以人道仁義參天道陰陽地道剛柔。中庸所謂天命之謂性。孟子所以道性善也。人之行莫大於孝。良知良能。仁義達之天下。所謂率

性之謂道也。孝莫大於嚴父。聖人制禮之本。所謂
脩道之謂教也。嚴父莫大於配天。孝治天下之極
功。大報本反始。致中和。贊化育。使凡有血氣莫不
尊親同於天也。阮氏云。孝經言天地之性人爲貴。
可見人與物同受天性。惟人有德行。行首於孝。所
以爲貴。而物則無之也。性字本從心從生。先有生
字。後造性字。商周古人造此字時卽以諧聲。聲亦
意也。告子生之謂性一言本古訓。而告子誤解古
訓。竟無人物善惡之分。其意中竟欲以禽獸之生

與人之生同論與孝經人爲貴之言大悖。是以孟子闢之。蓋人性雖有智愚，然皆善者也。焦氏循說伏羲之畫卦云：情性之大，莫若男女。人之性孰不欲男女之有别也？方人道未定，不能自覺。聖人以先覺覺之，故不煩言而民巳悟焉。民知母不知父，與禽獸同。伏羲作八卦而民悟，禽獸仍不悟也。此人性之善所以異乎禽獸。案人性之善絶乎物而參天地者，在知三綱五常。孩提愛親，五常之本；别夫婦以正父子，三綱之本。聖人愛敬天下生養保

全萬萬生靈之盛德大業皆從此出。故曰人之行
莫大於孝。明王以孝治天下。善父母爲孝。親生之
膝下。罔極之恩同。以養父母日嚴。家人嚴君之義
同。而父者子之天。母統於父。人道之正。父子世世
相傳。下治則由子而孫以迄於無窮。上治則由父
而祖以推極於天。子之生也。母養之。父教之。子纘
父業。乃能盡資父事母之孝。而祖父母以上皆敬
養敬享。是以饋食之禮。薦歲事於皇祖。以某妃配
某氏。而周人之詩。美太王王季文王之功德。並及

太姜太任太姒，且上溯后稷而推本於姜嫄，惟嚴父，故歷千載之久而統系一貫，報本追遠，考妣同享，永永無極。此伏羲作易，乾元統天，坤元順承之大義，至周公制禮而其道始盡者。孝莫大於嚴父，凡人所同也；嚴父莫大於配天，則孝治天下者所獨，故特舉周公之事以明之。周公攝政，即王者之事也。據祭法，夏后氏郊鯀宗禹，殷人宗湯，則嚴父配天不始周公，孔子獨稱周公其人者，記言宗禹宗湯，則是後王之事，配天之祭與宗廟異，天與賢則與賢。天與子則與子。堯授舜。舜授禹。皆天命。舜之大孝。以天下養。宗廟饗之。而配天之祭。則必順天意。以天命授己者爲神主而不敢私。禹勤事幹蠱。天下聖禹而神鯀。亦率萬國以享鯀於廟。而配天則當祀舜。及啟以後。乃以禹配宗祀。又以禹修鯀功而配鯀於郊。夏殷宗禹宗湯始自何王。經傳無文。惟周公以大聖致天下太平。行郊祀宗祀之禮。而普天率土各以其職。致於越嘗重譯來貢德教流行。莫不被義從化。極千載一時之盛。且當周家多難之時。而定八百年之丕基。昔武王欲以天下授周公。而周公不受。輔相教導成王。使能揜迹於文武。制禮作樂。治定功成。復子明辟。立子道弟道臣道之極。故夫子心希神往而獨稱之。阮氏說。周初滅紂之後。武王歸鎬。殷士未服者多。此時鎬京尚未以后稷配天以文王配上帝。各國諸侯亦未全往鎬京侯服于周。成王又幼有家難。於是周公攝政之五年。與召公謀。就洛營建新邑。洪大誥治。祀天與上帝。以后稷文王配之。后稷文王爲人心所服。庶幾各諸侯及商子孫殷士皆來和會爲臣助祭多遜。始可定爲紹上帝受天定命也。惟時成王未遽來洛。於是召公先來洛卜宅。十餘日攻位卽成。惟位而已。各功工未成也。三月望後周公來達觀所營之位。知殷民肯來攻位。遂及此時洪大誥治。卽用二牲於郊。以后稷配天。且祭社矣。召誥之用牲於郊。卽孝經之郊祀配天也。於是始定爲周基受天命矣。明堂功雖將成。尚未及配天。周公行宗祀之禮。當在季秋。月令季秋大饗帝。或以始祀之月爲常月。四海諸侯殷士皆來助祭。洛誥宗禮。即孝經宗祀文王於明堂之禮也。故孔子舉配天專屬之周公。其人。案阮氏以召誥用郊洛誥宗禮證孝經。致確。其引書詩未盡當。孝經學解紛據陳氏澧所刪取。猶有可疑。今更約而精之。詩思文后稷配天也。此郊祀樂歌也。我將祀文王於明堂也。宗祀樂歌也。至六年制禮作樂。朝諸侯。祭於明堂。告成功。祀五天帝五人帝。以文王武王配。書所謂單文祖德曰明禮者。則祖文王而宗武王矣。又率諸侯禋于文王武王之廟。詩清廟。蓋其樂歌也。至七年致政成王。王在新邑烝。明年正月朝享。又以二騂合祭文武。自是用周禮郊祀宗祀。及宗廟禘祫時享之禮。諸侯皆來助祭。以爲常。烈文之詩是也。孔子稱武王周公達孝。據逸周書。后稷配天之禮。武王已行之。而明堂則周公作雒始建。樂記。祀乎明堂而民知孝。謂祀於文王廟。非祭天之明堂。嚴父而必推始祖以配天。文王之志也。將定宗禮而先以文王配上帝。武王之志也。周公大聖。以博愛廣敬成文武之德。故能行郊祀宗祀。合萬國之歡心。以尊事先王。同於天帝。然則聖人之德又何以加於孝乎。後章言孝弟之至通於神明，光於四海，亦此意也。周禮有至德敏德，皆從孝德而推廣。孔子舉周公之事以明聖人之德無以加於孝，則周禮所謂至德者，孝之至而已。中庸大孝三章義同。◯注云郊者祭天之名，據周禮禮記鄭義。祭天大禮有三：冬日至祀昊天上帝於圜丘曰禘，殷周皆以帝嚳配；夏正祀感生之帝於南郊曰郊，周人以后稷配；季秋大享五天帝五人帝於明堂曰祖宗，以文王武王配。備言則曰祖宗。約舉則惟曰宗。祀天有圜丘有郊有明堂。祀地有方澤有北郊有社。方澤祭大地之神。猶昊天也。北郊祭神州中土之神。猶感生上帝也。社祭五土之神。禮雖卑於明堂。而總祭山林川澤等五土。亦大享之意也。蓋明王事父孝故事天明。事母孝故事地察。明故識其氣之運行。察故辨其形之分理。昊天上帝。乾元也。五精之帝。時之元氣以王而行者也。立天之道曰陰與陽。而陰陽之精爲五行。五行之氣。在一歲則分主四時。在古往今來則迭成運會。故王者之先祖皆感太微五帝之精以生。萬物資始於乾元。故冬至祭昊天。本乾元所始也。五精爲乾元之行。王者皆乘五德之運而興。本其祖之所感生而以孟春郊祭之。乾元發生著見之始也。祖之所自出雖止一帝。而萬物皆備五行之氣以生。乾元周流無不偏。四時盛德雖各有所在。而實無時偏廢。故既有迎氣分祀。又以季秋大享五帝。乾元之成。且西北乾位也。此其理之灼然可推者。以萬物所自始言曰天。以主宰在上言曰上帝。

昊天至尊無上。無所不主。以地擬之。則大地之神也。五精之帝專主一行一時一運一方。以地擬之。在中土則神州之神也。地有山林川澤等五土。猶天有五精也。故五土皆有分祀。而總祀於大社圜丘方澤至尊。以遠祖聖人爲天子者配。不必一代之祖也。南郊以當代始祖配。本所自出也。北郊同。明堂以受命有天下之王配。始祖創業垂統之成功也。社稷則與宗廟相對。惟以古之有功德者配矣。昊天之位在北辰。五帝之座在太微。大地之神主崑崙。此成象成形可見者。靈威仰赤熛怒之等。
益周禮所謂神號。如爾雅閼逢攝提格之等。傳述
必有自來矣。曰蒼龍精者。龍以喻陽氣天德。非蒼
龍宿之謂。郊丘明堂。自王肅亂禮以來。聚訟紛紜。
近儒孫氏星衍阮氏元陳氏澧始暢通厥旨。詳禮
經。○阮氏云。禮記禮器正義公羊僖十五年疏後
漢書班彪傳注並引作各以其職來助祭。是經本
有助字。案此或所據本異。或以義增成。言來祭則
助義自在其中。經文至重。不可輒增。○治要引注

貴其句同。又云。孝者德之本。又何加焉。又云。莫大於（原脫於字嚴增）尊嚴其父。又云。尊嚴其父莫大於配天。生事愛敬。死爲神主也。又云。尊嚴其父配食天者。周公爲之。郊者。祭天之名。后稷者。周公始祖。文王。周公之父。明堂。天子布政之宮。周公行孝於（原脫於字嚴增）朝。越裳重譯來貢。是得萬國之歡心也。又云。孝悌之至。通於神明。豈聖人所能加。義皆無誤。

故親生之膝下。以養父母日嚴。（釋文。日。人實反。注同。）養則（二字補）致其樂。（釋文。音洛。下樂同。）居則致其敬。（五字補）曰釋文行孝無怠。四字補 箋云孟子趙氏說。生之膝下。一體而分。喘息呼吸。氣通於親。告子下章指 楚辭王逸說。孝經曰。故親生之膝下。言下母之體而生。離騷章句 陸氏曰。日者實也。日日行孝。故無闕也。象日。數語或本注文。以未明引。疑未敢定。要爲鄭學古義。易曰。家人有嚴君焉。父母之謂也。

聖人因嚴以教敬。因親以教愛。

因親嚴之性起愛敬之教。舊說嚴主於父。十六字補 親近於母。釋文聖人之教不肅而成。其政不嚴而治。

因性立教。民皆六字補樂釋文之。施於有政。五字補不令而行。釋文

其所因者本也。

本謂孝也。注疏

父子之道。天性也。君臣之義也。

箋云中庸曰。天命之謂性。率性之謂道。孟子曰。人之有道也。父子有親。君臣有義。經曰。資於事父以事君。

父母生之。續莫（釋文作焉）大焉。君親臨之。厚莫重焉。

續。相續也。（釋文訓疑本注文。）猶屬也。骨肉相連屬。毛離裏。恩至深。實生愛。有父之親。有君之尊。義至重。實生敬。人道大本。（三十九字補）復何加焉。（釋文）

釋曰　此節正明孝爲德本。教所由生之義。上言聖人愛敬天下之極功。不過盡孝之能事。蓋愛人敬人本於愛親敬親。而愛親敬親之心出於民之初生。故此節復探本言之。親生之膝下。親如親見親授之親。謂親身也。據趙邠卿王叔師說。則經意謂親身生之膝下。

惟親生之。故其性爲親。而卽謂生我者爲親。孩提之童。無不知愛其親也。以養父母日嚴。謂旣生而少長。以事父母自然日知尊嚴。養則致其樂。居則致其敬。皆由幼小浸長自然而然。蓋親則必嚴。有眷戀依慕之誠。自有愼重畏服之意。孩提之童他無所知。惟父母教令是從。惟父母顏色不悅是懼。親者性。嚴者亦性也。言孝之道出於人之所由生。故親身生之膝下。鞠育漸長。以奉養父母日加尊嚴。聖人因其性之親以教愛。且推愛親之心以愛人。因其性之嚴以教敬。且推敬親之心以敬人。聖人之教不肅而成。其施之政不嚴而治。其所因者人之本性也。此孝所以爲德之本教所由生也。顧氏炎武云。孩提之童。知愛而已。稍長然後知敬。知敬然後能嚴。子曰。今之孝者。是謂能養。至於犬馬。皆能有養。不敬。何以別乎。故雞初鳴而衣服。至於寢門外。問衣燠寒。疾痛苛癢而敬抑搔之。出入則或先或後而敬扶持之。敬之始也。詩云。戰戰兢兢。如臨深淵。如履薄冰。而今而後。吾知免夫。敬之終也。日嚴者。與日而俱進之謂。案因親生嚴。家人嚴君之義。父母所同。而母養之。父教之。子之於親。每覺母親而父尤尊。子之事親。必由能敬以盡其愛以養父母日嚴。即嚴父之義所由起。親嚴其親。孝也。因嚴教敬。因親教愛。即禮也。讀孝經而後知冠昏喪祭聘覲射鄉。凡所以教愛教敬者。皆順乎人情而原於天性。故曰其所因者本也。父子之道以下。又申足其義。親生之膝下而知親。此心與生俱生。是謂性。故父子之道。本天所生之性也。性者生

也天性猶云天生父母之愛其子子之親其父母
且因親而生嚴皆天生自然是謂父子之道家人
有嚴君之義由是資於事父以事君而君臣之義
起焉人類有會歸而後人人得保其父子天下國
家身體髮膚父傳之子受之上下各思永保其父
子而後君臣各盡其道故父子之道爲君臣之義
所自出所以孝子事君必忠焉父母生之續莫大
焉承天性言之君親臨之厚莫重焉承君臣之義
言之續猶屬也五服之親皆骨肉相連屬而父母

生之。一體而分。血統相繼。故續莫大焉。長幼之施。朋友之誼。睦婣任恤。皆相厚之道。而有父之親。有君之尊。生養教誨。全付有家。永保勿替。故厚莫重焉。故愛敬他人。必自愛親敬親推之。而聖人之德無以加於孝。此節言性道教。爲中庸義所本。子之親嚴其父母。天生自然。不學而能。不慮而知。所謂天命之謂性也。故孟子道性善。天性親嚴。是謂父子之道。五倫皆從此起。所謂率性之謂道。天下之達道五也。聖人因人親嚴之天性而教之愛敬。所謂脩道之謂教也。父子之道天性。自誠明謂之性也。因嚴教敬因親教愛。自明誠謂之教也。○唐氏云。讀此經而知父兮生我母兮鞠我拊我畜我長我育我顧我復我出入腹我斯時人子親愛之心純然無所雜也。及長父母日嚴卽日疏。而人子親愛之心亦日漓矣。古人所以定父母爲親字。見其當終身親之而痛其日疏而日遠也。然則人子可不瞿然顧念而及時以盡孝乎。案此說甚善。但父母日嚴細繹經意。當屬以養讀。就人子言。葢此嚴字。與上文嚴父下文因嚴義同。嚴卽從親出。如視無形聽無聲戰戰兢兢無敢怠忽是也。舜烝烝日致其孝。可謂日嚴之至者矣。首章言身體髮膚受之父母。此言親生之膝下。又言父母生之續莫大焉。人受氣於父而孕於母。所謂資始乾元由坤而生。方其初妊。母體卽不能平安。一月而胚。三月而胎。以至彌月。子之形益長。卽母之體益困。父之心益勞。所謂其血玄黃。未離其類。陽未出震。其象爲戰者也。及生之膝下呱呱墮地之時。動乎險中。母之安危懸於俄頃。父之喜懼瞬息不安。子生之日。正母難之日。故乾坤之後繼以屯。天地生人父母生子一也。由是而懷抱鞠育。不知幾經勞瘁。少長而教之使之克家。又不知幾經勞瘁。故屯之後繼以蒙。言念及此。而親愛嚴敬之心忍須臾忘乎。天地生人。屯建侯以作之君。故君臣之義緣父子而起。蒙養正以作之師。故聖人之教因性而立也。○釋文出注親近於母四字。元疏云舊注取士章之義而分愛敬父母之別。云舊注不云鄭注。竊謂經言親生之膝下以養父母日嚴。非謂親專屬母嚴專屬父。注引致其樂以釋養。必引致其敬以釋嚴。豈當以致樂偏屬母。致敬偏屬父。此處必自爲說而附存舊義。故補之如此。士章資於事父以事母而愛同。並非愛敬偏屬父母之謂。經凡言愛敬皆先愛後敬。此獨先敬後愛者。乘上日嚴之文。由語勢便耳。舊說葢以上言嚴父。則嚴義尤主於父。親身生之膝下。謂兒墮地。則親義近於屬母。因此以教愛敬。則父母兼之。嚴主父。親主母。故此文獨先敬後愛理亦通故鄭兼存之釋文解日嚴二字甚詳蓋據鄭義爲說然經義本明而陸必云爾者竊疑漢書藝文志云父母生之續莫大焉故親生之膝下諸家說不安處古文字讀皆異今其異者無考或日字舊有讀曰字者則義較迂回故陸正定之又續莫大焉釋文作續焉大焉或舊有此本上焉當訓何然漢書及注皆作莫陸不分別異字則鄭本當與各本同作焉當係別本寫釋文者偶據之附辨以廣異義○治要引注云因人尊嚴其父

教之爲敬。因親近於其父嚴據釋文改爲母　教之爲愛順
人情也。案此與致其樂義岐。非鄭注。辨見上。又云
聖人因人情而教民。民皆樂之。故不肅而成也。其
身正不令而行。故不嚴而治。義無誤。又云。本謂孝
也。與注疏同。又云。性。常也。案性義本明。訓常反晦。
此摘取唐注失之。又云。君臣非有天性。但義合耳。
釋君臣之義與父子天性劃分兩事。上下乖隔。全
失經文語意。如此則之字何解。且既訓性爲常。又
云君臣非有天性。君臣獨非天常乎。鄭注必不如

此又云父母生之骨肉相連屬復何加焉不誤又云君親擇賢顯之以爵寵之以祿厚之至也失與前同

故不愛其親而愛他人者謂之悖德（釋文悖補對反注及下同）悖（釋文）猶逆也（三字用鄭大學注補）

不敬其親而敬他人者謂之悖禮

【箋云】明皇曰於德禮爲悖也

以順則逆民無則焉不在於善而皆在於凶德

以悖爲順則逆天地之經民所不則其所厚者薄

而其所薄者厚，末之有本，實先撥。阿私黨惡，天下受其亂。四十一字。細釋經注義補若桀紂是也。釋文疏引此句上有悖字。蓋約注上文。

雖得之，君子不貴也。

箋云 春秋繁露曰：雖得之原誤難得者，今讀正。君子不貴，教以義也。爲人者天 釋曰 此以下反覆推論明聖人愛敬政教一本乎孝，更無以加。記曰：樂自順此生，刑自反此作。此節言其反以爲戒。春秋所以討亂賊，撥亂世反諸正也。父母生之，續莫大焉。君親臨之，厚莫重。故愛親之本也。推愛親之心以及他人。各稱其情以行吾愛。而仁不可勝用。是之謂德。敬親之本也。推敬親之心以及他人。各隨其分以致吾敬。而義不可勝用。是之謂禮。若不愛其親而愛他人者。其愛也。於天性之恩反。謂之悖德而已。不敬其親而敬他人者。其敬也。於天秩之義反。謂之悖禮而已。愛敬統言皆德也。亦皆禮也。析言則愛屬仁。敬屬義。德主仁。禮行義。德禮卽仁義。亦卽仁禮。孟子言親親仁。敬長義。又言仁者愛人。有禮者敬

人皆本孝經義德禮本於愛親敬親。故以順天下
而順。所謂天地之經而民是則之。若以悖德悖禮
爲順。則是逆也。反易天常。拂人之性。民無則焉。不
在乎博愛廣敬之善道。而皆在乎大亂之凶德。雖
以詐力得人。終必積惡滅身。君子之所甚賤深惡。
不以爲貴也。注以桀紂擬之。葢悖德悖禮之人。其
愛敬他人。豈出於仁義之良心。不過與我善者則
以爲善人。淫朋比德以大惡於民。若桀紂不念厥
祖。爲天下逋逃主萃淵藪。以行暴虐姦宄。是也。凡

善必吉。惡必凶。經上言善。下言凶德。卽易吉凶垂教之義。德禮本主善。反之則爲悖爲凶。他經或言惡德。言慝禮。皆同義。○春秋傳季文子使太史克數莒僕之罪以對宣公曰。先君周公制周禮曰。則以觀德。德以處事。事以度功。功以食民。作誓命曰。毁則爲賊。掩賊爲藏。竊賄爲盜。盜器爲姦。主藏之名。賴姦之用。爲大凶德。有常無赦。在九刑不忘。行父還觀莒僕。莫可則也。孝敬忠信爲吉德。盜賊藏姦爲凶德。夫莒僕。則其孝敬。則弑君父矣。則其忠信則竊寶玉矣。其人則盜賊也。其器則姦兆也。保而利之則主藏也。以訓則昏。民無則焉。不度於善而皆在於凶德。是以去之。接史克述周公之訓以正亂賊之罪。孝經用其語。此即魯之春秋其文則史而孔子取其義。可見春秋孝經相輔爲教。又可見孝經明大順春秋誅大逆皆本於周公之則。則。法也。至德要道則。天下順。悖德悖禮則民無則。此可見人性之善好惡之同。則以觀德者。立父子君臣之則以觀孝敬忠信之德。有孝敬忠信之德。則親親仁民愛物相生相養相保之事功皆從此起。未有事功不本於德則者。漢制使天下誦孝經。東漢節義之所以盛。國本之所以固也。曹操欲求不孝不弟汙辱之人而有濟國安民之略者。魏之所以遽見篡奪。魏晉以後所以數百年天下大亂綱常墜地生民塗炭。所謂雖得之君子不貴。聖人之言豈不大彰明較著哉。凡事之不近人情者。鮮不爲大姦慝。不愛敬其親而愛敬他人者。豈眞能愛敬他人哉。將收拾人心。要結死黨。以濟其大姦大惡。其始誘以鉤餌。其終納之湯火。先爲邪說淫辭以蠱惑迷亂人之心志。而後使人忘其親忘其身而從之。如病風發狂蹈河掬火陷於悖逆誅死之地而後已。故墨翟之兼愛。非兼愛也。兼惡也。其無父也。將以無君也。彼其人有精明強忍之才。博物多能之學。以兼愛之說招集徒黨。設積日累久。諸侯稍衰。將無事不可爲。彼見君臣之義之出於父子也。於是先決父子之倫。彼恐人之讀書知大義而不已信也。於是教人不讀書。輙斯之焚書以肆其凶虐。曹操之求不孝不弟之人以爲篡漢先聲。皆此意也。三綱相須而成。今日之爲邪說者。又欲決夫婦之綱。以亂天下之父子。以顛倒君臣。則其智更奸。其禍更速矣。夫人情莫不欲人之愛己。聖人之愛人也。以至誠。姦人之愛人也。以大僞。誠僞之別。萬萬生靈生死之關。何以別之。以其愛親與不愛親別之。故孝經者。仁之至。智之盡。以孝經之道觀人。視其所以。觀其所由。察其所安。人心之厚薄邪正。不爽毫黍。莊子曰。盜不得聖人之道不行。

爲之權衡以信之則并與權衡而竊之夫苟以孝經爲權衡凶德之盜惡從而竊之哉鄭君謂悖若桀紂舉人所共知者以曉人今更推此義以見聖人憂患萬世之心世衰道微邪說暴行之先驅天下將有生民糜爛積血暴骨之禍必先變亂是非顛倒順逆彼其持之有故言之成理而實反易天明以蕩衆心使元元之民喪其所大欲而得其所大惡亂靡有定悔無可及所謂以順則逆民無則焉不在於善而皆在於凶德聖人在千載上提

斯警覺大聲疾呼如此。可謂肫肫其仁悲憫萬世之深者矣。〇董子云。雖得之君子不貴教以義也。義者。好惡之正也。天地之性人爲貴。雖庶人之卑。斯役之賤。其可貴之性則同。故君子使民如承大祭。不敢失於臣妾。貴之也。若悖德悖禮之人。自賊其性。自外於人。雖以詐力取勝。惡欲鴟張。而君子避之若浼。賤之甚於狗彘。自古亂臣賊子如商臣陳恆之等。能逭一時之王誅。必不能逃萬世人心之天討。雖刑餘隸人。知其罪狀。皆恥與爲比。羞惡

之心。人皆有之。君子不貴。賓人心之所同賤。春秋
記惡與。萬世之衆棄之。是義之至也。○治要引注
云。人不能愛其親而愛他人（嚴云。疑有之字。）親者。謂之悖
德。不能敬其親而敬他人之親者。謂之悖禮也。之
親二字。於經外別生枝節。非。辨見前。又云。以悖爲
順。則逆亂之道也。則法。不誤。又云。惡人不能以禮
爲善。乃化爲惡。若桀紂是也。惡人二句非其義。疏
引若桀紂上有一悖字。與此二句不合。又云。不以
其道。故君子不貴。義無誤。

君子則不然。言思可道。

言中丁仲反下同。詩書釋文故可道三字補

行思可樂。釋文。如字。音洛。注同。盧引孔云。如字疑當在行字下。案行。疑當讀下孟反。

行此字補中釋文禮樂故可四字補樂釋文

德義可尊。

箋云春秋傳曰。詩書義之府。禮樂德之則。

作事可法。

箋云孟子曰。孰不爲事。事親。事之本也。大學曰。其爲父子兄弟足法。而后民法之。

容止可觀。

箋云孟子曰。動容周旋中禮。易曰。節。止也。又曰。艮其止。止其所。

進退可度。

難進而盡中。當爲忠。易退而補過。釋文箋云易虞說容止可觀進退可度。則下觀其德而順其化。觀卦注春秋繁露曰。衣服容貌者。所以說目也。聲音應對者。所以說耳也。好惡去就者。所以說心也。故君子衣服中而容貌恭。則目說矣。言理應對遜。則耳說矣。

好仁厚而惡淺薄，就善人而遠僻鄙，則心說矣。故曰行思可樂，容止可觀，此之謂也。五行對

以臨其民。

箋云：易臨說而順，君子以教思无窮，容保民无疆。

是以其民畏而愛之，則而象之。

心服曰畏。曲禮注文言民畏敬而親愛之，法則而象十六字釋之，此字補補儆文之酌取疏義箋云：匡衡曰：聖王之自為動靜周旋，奉天承親，臨朝享臣，物有節文，以章人倫。蓋欽翼祇栗，事天之容也；溫恭敬遜，承親之禮也。

正躬嚴恪，臨衆之儀也。嘉惠和說，饗下之顏也。舉錯動作，物遵其儀，故形爲仁義，動爲法則。孔子曰：德義可尊，容止可觀，進退可度，以臨其民，是以其民畏而愛之，則而象之。漢書本傳上疏

故能成其德教，而行其政令。

教不肅而成，德行而其下順之。陸賈新語義風化以十五字補漸也。釋文政不嚴而治，君爲正則百姓從正。十三字補

不令，力政反，下文并注並同。案此音當在經政令下，誤在此。下文謂諫諍章經文。而伐，謂之暴。釋文令順民心，故行六字補

【釋曰】此節言其順

以爲法。正孝經博愛廣敬以順天下之事也。不然者。絕相反之辭。上言悖德悖禮君子不貴。此卽繼之曰君子則不然。亦撥亂反諸正之意。君子盡愛敬於事親而後推以及人。言必思可道。非詩書之法言則不言。故身言之後人揚之也。行必思可樂。非禮樂之德行則不行。所謂孝弟恭敬民皆樂之也。思卽無念爾祖之念。樂正子春所謂一舉足一出言不敢忘父母也。曾子十篇亦亟言思。思而後言。思而後動。所以可道可樂。而德義作事容止進退皆當其可所謂順所謂則也得於身曰德宜於事曰義周禮有三德六德禮記有十義前章云陳之以德義而民興行凡所陳以教民者皆脩之身而可爲民表故可尊詩書義之府禮樂德之則言中詩書行中禮樂故德義可尊也則以觀德德以處事去私欲從事於義君子黃中通理美在其中發於事業以愛敬之德盡愛敬之義立愛敬之事故作事可法曾子立事篇是其準容容貌也止所止處也詩人而無止鄭箋引此爲證動容貌斯遠

暴慢。如足容重手容恭之等。敬其所以自止處。故
可觀。簡氏云。容止。禮容之節。止。節也。德容中禮。節。
案。容節以威儀言。進退。鄭以出處言。引表記難進
易退合事君章義爲說。難進者。仕爲行道。不爲利
也。天下惟難進者能盡忠。熱中患失之鄙夫。其於
君也。利之而已。易退者。以道事君。不可則止也。天
下無不是之君親。故思補過。此進退之大者。盡忠
補過。故可爲法度。其在威儀。則三揖而進。一辭而
退。亦其度也。皮氏云。鄭以此君子不專屬人君。如

卿大夫亦可言臨民也。案此君子。據聖賢在位者言。雖無其位而有其德。則其足以臨民者已裕在身。所謂大人之事備也。以上六句。皆愛親敬親之誠所推暨彌綸。根於心。生於色。施於四體。舉而措之事業。敦德崇禮。以臨撫其民。本立道生。盡性以盡人性如是。是以其民心悅誠服。畏而愛之。有父之尊。有母之親。則而象之。如天之明。如地之義。故以德爲教而教無不成。由是發政施令而政無不行。蓋必如是乃能成其德教而行其政令。非是則民所不則。以在民上。不可以終。所謂雖得之君子不貴者。數語以左傳證上文。本唐氏。天下惟愛敬其親者能愛人敬人。極於使天下觀感興起。合敬同愛。然則聖人之德又何以加於孝乎。○阮氏云。此章兩言政字。論語引書云孝于惟孝友于兄弟施于有政。此政必從孝友而施。即孔子孝經之所由來。猶之詩云民之秉彝好是懿德。爲孟子性善所由來。孔孟之學。未有不本之詩書者也。案經言政令者。政必申令。故易蠱卦爻稱幹父之蠱。幹母之蠱。而彖辭曰先甲三日後甲三日。先王以孝治天下。故敬事愛民如此其至。注云不令而伐謂之暴。明經言政又言令之意。伐或當作罰。◯治要引注云。君子不爲逆亂之道。言中詩書。故可傳道也。動中規矩。故可樂也。又云可尊法也。又云可法則也。又云威儀中禮。故可觀。義無誤。惟行思可樂。鄭注原文當以禮樂對詩書。尊法二字亦未甚協。又難進二句與釋文同。中作忠。是也。又云畏其刑罰。愛其德義。案以上六句。皆以德禮順民之事。此畏字。當與曲禮賢者狎而敬之，畏而愛之。大學大畏民志，義同。言畏刑罰，非也。下五刑章始言刑，此非其語次。或據左傳引周書大國畏其力，證畏爲畏刑。然彼據征討强暴諸侯，此據化民，義各有當。

詩云：淑人君子，其儀不忒。

淑，善也。忒，差也。注疏文。文選王元長策秀才文注引忒差也句，釋文訓同。釋曰：詩曹風鳲鳩篇，言善人君子，其威儀不有差失。引以證愛敬德禮，有順無悖，爲民法則之義。大學引詩下二句，釋之曰：其爲父子兄弟足法，而后民法

之意正同。詩箋讀儀爲義，訓忒爲疑，親親仁民愛
敬各當其義，禮以行之，各有威儀，不疑則不差。義
相表裏。黄氏云：君子而思以淑人善俗，非禮何以
乎？禮儀之在人身，所以動天地也。孝子仁人必謹
於禮，謹禮而後可以敬身，敬身而後可以事天。傳
曰：大哉聖人之道，洋洋乎發育萬物，峻極於天。優
優大哉，禮儀三百，威儀三千，待其人而後行。故曰
苟不至德，至道不凝焉。至德者，孝敬之謂也。○阮
氏云：晉唐人言性命者，欲推之於身心最先之天，

商周人言性命者，祇範之於容貌最近之地，所謂威儀也。春秋左傳襄公三十一年，衛北宫文子見令尹圍之威儀，言於衛侯曰：「令尹似君矣，將有他志，雖獲其志，不能終也。詩云：『靡不有初，鮮克有終。』終之實難，令尹其將不免。」公曰：「子何以知之？」對曰：「詩云：『敬慎威儀，維民之則。』令尹無威儀，民無則焉。民所不則，以在民上，不可以終。」公曰：「善哉！何謂威儀？」對曰：「有威而可畏謂之威，有儀而可象謂之儀。君有君之威儀，其臣畏而愛之，則而象之，故能有其國家令聞長世臣有臣之威儀其下畏而愛之故能守其官職保族宜家順是以下皆如是是以上下能相固也衞詩曰威儀棣棣不可選也言君臣上下父子兄弟內外大小皆有威儀也周詩曰朋友攸攝攝以威儀言朋友之道必相教訓以威儀也周書數文王之德曰大國畏其力小國懷其德言畏而愛之也詩云不識不知順帝之則言則而象之也紂囚文王七年諸侯皆從之囚紂於是乎懼而歸之可謂愛之文王伐崇再駕而降爲臣

蠻夷帥服，可謂畏之，文王之功，天下誦而歌舞之，可謂則之，文王之行，至今爲法，可謂象之，有威儀也。故君子在位可畏，施舍可愛，進退可度，周旋可則，容止可觀，作事可法，德行可象，聲氣可樂，動作有文，言語有章，以臨其下，謂之有威儀也。又成公十三年曰：成子受脤於社，不敬。劉子曰：吾聞之，民受天地之中以生，所謂命也。是以有動作禮義威儀之則，以定命也。能者養以之福，不能者敗以取禍。是故君子勤禮，小人盡力。勤禮莫如致敬，盡力莫如敦篤。敬在養神。篤在守業。國之大事。在祀與戎。祀有執膰。戎有受脤。神之大節也。今成子惰弃其命矣。其不反乎。觀此二節。其言最爲明顯。書言威儀者二。顧命自亂於威儀。酒誥用燕喪威儀。詩三百篇中言威儀者十有七。朋友相攝以威儀。已見於左氏所引。此外敬慎威儀。維民之則。威儀抑抑。德音秩秩。受福無疆。四方之綱。抑抑威儀。維德之隅。敬慎威儀。以近有德。則皆同乎北宮文子劉子之說也。威儀者。言行所自出。故曰慎爾出話。無

不柔嘉。淑慎爾止。不愆於儀。此謂謹慎言行柔嘉
容色之人。即力威儀也。是以仲山甫之德。則柔嘉
維則令儀令色小心翼翼古訓是式威儀是力矣。
魯侯之德。則穆穆敬明敬慎威儀維民之則矣。成
王之德。則有孝有德四方爲則顒顒卬卬四方爲
綱矣。且百行莫大於孝。孝不可以情貌言也。然詩
曰敬慎威儀維民之則靡有不孝自求伊祜矣。又
言威儀孔時君子有孝子矣。且力於威儀者。可祈
天命之福。故威儀抑抑爲四方之綱者。受福無疆

也。威儀反反者。降福簡簡福祿來反也。此能者養以之福也。反是則威儀不類者人之云亡矣。威儀卒迷者喪亂蔑資矣。且定命卽所以保性。卷阿之詩言性者三。而繼之曰如圭如璋令聞令望四方爲綱。凡此威儀爲德之隅。性命所以各正也。匪特詩也。孔子實式威儀定命之古訓矣。故孝經曰。君子言思可道。行思可樂。德義可尊。作事可法。容止可觀。進退可度。以臨其民。是以其民畏而愛之。則而象之。故能成其德教而行其政令。詩云。淑人君子其儀不忒。論語曰。君子不重則不威。學則不固。此與詩左傳之大義無毫釐之差也。阮氏福曰。曾子曰。君子所貴乎道者三。動容貌。斯遠暴慢矣。正顏色。斯近信矣。出辭氣。斯遠鄙倍矣。亦曾子傳孝經容止威儀之義也。案威儀所以定命。不敢毀傷自力威儀始。凡人之目動言肆舉趾高心不固者。必有異事邪慮意外之憂。凶悍好陵人者。其後必有非常之禍。輕佻無度作事有始無終者。其後多有夭折之患。四語得之吾友梁氏鼎芬。而家庭之間。恣睢自由。

疾行先長，尤爲世道之大憂。犯上作亂，必自幼而不孫弟始。此語得之吾友沈氏曾植。故曲禮內則少儀爲平治天下之本，其爲父子兄弟足法而后民法之也。詩曰「威儀是力」，力者，躬行實踐之謂。君子有其容則實以君子之德，若色取仁而行違，則忒而非力矣。○治要引注云：「善人君子威儀不忒，可法則也。」不誤。

紀孝行章第十

【釋】元氏云：「此章紀録孝子事親之行。」案説文：「紀，別絲也詩棫樸箋云以網罟喻張之爲綱理之爲紀自首章以來論孝之大綱備矣前章云人之行莫大於孝故此章遂分別條理紀錄孝子事親守身之行以申孝始於事親及不敢毀傷之義是行孝之大目故以紀孝行名章陳氏澧云陶淵明有五孝傳蓋陶公於家庭鄉里以孝經爲教稱引故實以證之故其庶人孝傳贊云嗟爾衆庶鑒兹前式司馬温公家範錄孝經居則致其敬養則致其樂病則致其憂喪則致其哀祭則致其嚴五句每

句各引經史以證之葢孝經一篇皆論以孝順天下之大道惟此五句爲孝之條目故加以引證亦所謂鑒兹前式也案此章五致爲人子者當深思力行以自保其天性又宜將古來孝子仁人行事依類纂輯證明經義隨時爲人講說以感發其善心則所以爲天地立心爲生民立命培生機而挽殺運者其益无方矣前式不遠願共勉之

子曰孝子之事親也居則致其敬

居處溫愉先意承志聽於無聲視於無形溫恭朝

夕二十字補必原誤也。嚴云。明皇注平居必盡其敬。則也字當作必。盡禮也釋文

養則致其樂。

樂其心。不違其志。樂其耳目。安其寢處。以其飲食忠養之。據內則補

病則致其憂。

色不滿容。行不正履。注疏

喪則致其哀。

擗踊哭泣。盡其哀情。注疏　北堂書鈔原本九十三居喪無哀字　釋文出擗踊泣三字

祭則致其嚴。

齊書鈔作齋此依釋文戒沐浴。明發不寐。齊必變食。居必遷坐。敬忌踧踖。若親存也。北堂書鈔八十八祭祀總釋文出齊必變食敬忌踧七字。云。齊本又作齋。明皇注有齊戒二句。

五者備矣。然後能事親。

箋云 陸賈新語曰。曾子孝於父母。昏定晨省。周寒温。適輕重。勉之於糜粥之間。行之於衽席之上。而德美重於後世。慎微孟子曰。事親若曾子者可也。釋

曰 人之行莫大於孝。孝始於事親。故夫子既極論

孝道之大。遂指實事親之行曰。孝子之事親也。隨父母居處則致其恭敬。奉養父母則致其愉樂。父母有疾則致其憂謹。不幸而遭喪則致其哀戚。喪畢而祭則致其尊嚴。五者皆備矣。然後爲能事親。致盡也。謂行之至也。此五句事親之大目。凡禮經記所言事親之道皆統之。故孝經孝之經也。羣經所言孝道。皆孝之傳也。居也養也病也喪也祭也。事親所歷之境也。敬也樂也憂也哀也嚴也。愛敬之天性發而不能自已者也。致則積誠積學以盡其性以不失其赤子之心者也居則致其敬者居謂隨父母居處論語禮記皆以養與敬對統居而言所謂就養無方也此以居與養析言則養專謂供奉飲食而其餘隨侍之事皆屬之居事親主於愛而愛必將以敬曲禮稱爲人子之禮冬溫夏凊昏定晨省出必告反必面居不主奥坐不中席恆言不稱老內則稱子事父母婦事舅姑雞鳴盥漱衣服佩用以適父母舅姑之所下氣怡聲問衣燠寒疾痛苛癢而敬抑搔之出入則或先或後而敬

扶持之。問所欲而敬進之。有命之。應唯敬對。進退周還慎齊。傳言舜見瞽瞍夔夔齊栗。文王之爲世子。雞初鳴至寢門外。問安否何如。安乃喜。日中又至亦如之。莫又至亦如之。商子教伯禽見周公。入門而趨。登堂而跪。伯魚見孔子。獨立。趨而過庭。皆致敬之事。敬者。愛慕之深。卑順之至。眷戀捧持。此心常存也。唐氏云。曲禮聽於無聲。視於無形八字。最得難達之隱。鄭注恆若親之將有教使然。亦曲得孝子之心。所謂敬之至也。人子事親。首能致敬於無形無聲之際，則於所謂先意承志者庶乎能曲體一二，而於安親之心、樂親之情、代親之勞、預防親之疾病，或可以少有所失矣。案：推致敬之心，即身不在親側，而依戀慎重之意無斯須閒。故曾子在外，母思之，嚙指而心痛，急歸，誠感千里也。養則致其樂者，孝子以親之加餐爲樂。曾子曰：飲食移味，居處温愉。記曰：孝子之有深愛者必有和氣，有和氣者必有愉色，有愉色者必有婉容。祭時之和氣愉色婉容，即生時所以致樂也。惟其和順婉愉出於深愛至隱如幼小嬉戲忭躍之眞故父母樂而安之內則所謂樂其心不違其志也由致樂之心則所以深體食性調和滋味慎察寒溫必曲中幾微且使家人供殺中饋皆欣欣有勸勉之心而以善養爲樂矣文王食上必在視寒煖之節食下問所膳命末有原曾子養曾晳必有酒肉將徹必請所與問有餘必曰有孔子論孝曰色難曰啜菽飲水盡其歡皆致樂之事唐氏說人壽大率不過七八十年即百年亦爲時至速人子眞能養親

之時。至多五六十年。轉瞬卽逝。曾子曰。親戚既没。雖欲孝。誰爲孝。養親之時日少。一日。思之喜與懼并。而可不致其樂乎。衞將軍文子篇稱。曾子養曾皙。常以皓皓。是以眉壽。父母之壽否。係於心境之鬱舒。爲人子者不可不隨時加省也。病則致其憂者。對文疾甚曰病。散文則通。人子於父母之疾。雖輕而視若重。小愈而防其加。故以病言之。元氏云。盡其憂謹之心。侍疾必謹。惟憂故能謹。記曰。父母有疾。冠者不櫛。行不翔。言不惰。琴瑟不御。又曰。親

有疾飲藥子先嘗之傳稱文王事王不怒謂王季事記

稱王季有不安節文王色憂行不能正履王季復

膳然後亦復初文王有疾武王不説冠帶而養文

王一飯亦一飯文王再飯亦再飯又引世子之記

有不安節世子色憂不滿容史稱漢文帝侍薄太

后疾三年衣不解帶皆致憂之事子曰父母唯其

疾之憂孩提幼兒往往多病而所苦不能自言父

母心誠求之曲中其隱以療之自少至長不知幾

經憂勞人子思此則父母之疾其憂當何如乎況

子疾父母憂之而愈。父母之疾子或憂之而仍不能愈。人子思此其憂更當何如乎。痛自哀世人心陷溺竟有久病無孝子之諺。所謂哀莫大於心死者。茍尚有人心清夜思之。其可以爲人可以爲子乎。唐氏云。色不滿容行不正履所以如此者。蓋爲人子而至於親病。已不免於罪矣。其飲食之失節耶。寒煖燥溼之失宜耶。抑吾拂親之意而觸親之怒耶。思之重思之。推究其所以致病之由。忽作一萬一不愈之想。焉得而不憂。故愚嘗謂人子致謹於無形無聲之際，而不可稍忽者，當在親未病之時。若吾親既病，則雖悔恨涕泣，奔走祈禱，已無及矣。矧或親病日增，竟至於不忍言乎。禮記曰：「親瘠，色容不盛，此孝子之疏節也。」黃氏道周曰：「得其疏節，則其精意亦見，況并其疏節而忽之乎。」案，致其憂者，心專壹於親之病，而無絲毫他念之雜，如此則凡奉湯藥，進飲食，適寒燠之等，皆極和至順，曲得親意，周詳巧變，動中竅要，庶幾少減其疾苦，而轉危爲安。侍疾之道，至危至微，苟百密一疏，則萬悔莫追。人子所當深思也。喪則致其哀者。記曰。親始死。雞斯。徒跣。扱上衽。交手哭。惻怛之心。痛疾之意。傷腎。乾肝。焦肺。蓋子於父母。一體而分。鞠育恩勤。劬勞罔極。一旦嬰兒中道失其親。其痛何若。故三年之喪如斬。痛之極也。斬哀之哭往而不反。哀之至也。禮經士喪既夕士虞等篇。皆稱情立文。曲達孝子哀戚之至隱。故曾子讀喪禮。泣下沾襟。禮記說喪禮諸篇語語沈痛。而檀弓喪禮哀戚之至也一章。及問喪三年問兩篇。發抒致哀之誠。尤不忍卒讀。昔曾子執親之喪。水漿不入於口者七日。高子羔泣血三年。未嘗見齒。少連大連三日不怠。三月不懈。期悲哀。三年憂。所謂致其哀也。雜記稱喪禮敬爲上。哀次之。此於致哀中更申一義。惟其致哀。是以盡敬。子思所謂必誠必信勿之有悔也。唐氏云。先儒有言。人子旣遭親喪。當知親生之時既不可復得。卽喪之時亦不可復得也。痛哉言乎。是故親始死之時。則非復疾病求藥之時矣。旣葬之時。則非復始死之時矣。思之尚忍不致其哀乎。

案夫子曰。人未有自致者也。必也親喪乎。人子於親喪之初。悲哀痛疾。天良發不可遏。念屬毛離裏以來。鞠育恩勤。瞻依怙恃。俄頃訣別。其痛若木之斷根身之殊死也。屬纊聽息之時。猶冀有一綫之生機。而親竟長往不返。呼號攀援。直欲舍生而從之也。環顧兄弟。與我同受形於父母。不勝其相憐相痛也。凡人皆有此心。所可歎者。才發見旋梏亡耳。孝子致其哀。則三年之喪。如駟之過隙。而終身之慕。至死不窮矣。祭則致其嚴者。初喪殯宮有奠。

而燕養饋羞湯沐饌於下室。鬼神無像。設奠以憑依之。又孝子不忍一日廢其事親之禮也。及既葬而以虞易奠。卒哭而以吉祭易喪祭。由是祔練祥禫以漸即吉。此勢之無可如何者。而孝子哀痛思慕之情。豈能忘乎。聖人通幽明之故。制祭祀之禮。報氣報魄以追養繼孝。然神人渺隔。非精誠之至。則不能感通。孝子感時物之變。悽愴怵惕。追思其親。齊戒沐浴。專致其精明之德以交於神明。如執玉。如奉盈。其嚴乎。禮記說祭禮最詳。而祭義一篇。

尤足深動人孝思文王之祭也事死如事生孔子
祭如在曰吾不與祭如不祭皆致其嚴也嚴者愛
敬之心專壹深重合莫通微誠中形外者也唐氏
云人子而至於祭其親亦可哀矣生時視膳未克
盡心至親没之後欲再進一勺水不可得也曾子
曰椎牛而祭墓不如雞豚逮親存也歐陽修述其
父之言曰祭而豐不如養之薄也其言均絕痛禮
記曰君子有終身之喪忌日之謂也忌日不用非
不祥也言夫日志有所至而不敢盡其私也又曰

齊之日思其居處思其笑語思其志意思其所樂思其所嗜祭之日入室僾然必有見乎其位周旋出戶肅然必有聞乎其容聲出戶而聽愾然必有聞乎其歎息之聲如是而祭猶恐失之而可不致其嚴乎案禮經特牲少牢饋食之禮節文至詳由其文以深求其義則致嚴之意自生於心矣禹菲飲食而致孝乎鬼神今之人往往自奉甚厚而祭祀簡忽人之無良吁可慨已喪祭之禮廢則臣子之恩薄而倍死忘生者眾欲厚民德而正人心則

禮經記喪祭諸篇不可不亟講矣。此五致者，論語所謂生事之以禮，死葬之以禮，祭之以禮，自始至終。一有不備，卽不可爲能事親。孟子曰：事親若曾子者可也。蓋必如曾子之備致，然後爲能事親也。

○治要引注云：樂竭歡心以事其親。說樂字是。

事親者居上不驕。

箋 書曰：愼乃在位。

爲下不亂。

箋云 易侯氏說：臣子當至順。坤卦注 論語曰：其爲人也孝弟而好犯上者鮮矣。不好犯上而好作亂者，未之有也。

在醜不爭。

不忿芳粉反，下同。爭也。釋文 醜，衆也。三字據曲禮注補 箋云 記曰：爲人子之禮，在醜夷不爭。

居上而驕則亡。

箋云 易曰：亢之爲言也，知存而不知亡。大學說治國平天下曰：驕泰以失之。

爲下而亂則刑。

好亂則刑罰及其身也。釋文

在醜而爭則兵。

一朝之三字補忿。釋文忘其身以及其親。七字補【箋云】明

皇曰。謂以兵刃相加。

三者不除。雖日用三牲之養。猶爲不孝也。

愛親者三字補不敢惡於人。親釋文親字衍敬親者不敢

慢於人。而三者不去。災及於親。養雖隆。猶是不孝

而已。二十六字補【箋云】孟子曰。不失其身而能事其親

者。吾聞之矣。失其身而能事其親者。吾未之聞也。

釋曰五致備然後能事親，而事親必先守身，故此遂論守身之道，葢不敢毁傷之目也。言事親者常念身爲父母之身，惟恐近於危辱以貽親憂。居上位則思天道虧盈，居高疾顛，載舟覆舟，小人難保，不敢以富貴而驕。爲人下則思貴有常尊，賤有等威，盡忠守順，以率天常，不敢挾是非不平之見而亂。在醜類羣衆之中，則思敬而無失，恭而有禮，横逆之來，情恕理遣，不敢逞血氣之勇而争。葢居上而驕，則百姓怨叛必亡。爲下而亂，則王法不容必

刑。在醜而爭。則暴亂侵陵。必致兵刃相加。驕亂爭
三者不去。則亡刑兵三禍必至。身且不保。親復何
賴。雖日用太牢之養。親將憂不能下咽。猶是不孝
之子也。故事親者必始於不毁傷其身。惟三者除。
所以能備五致也。簡氏云。事親者。敬以脩身。斯居
上不驕矣。順以從法。斯爲下不亂矣。和以處衆。斯
在醜不爭矣。唐氏云。居高俯視。常覺下墜之可危。
斯不驕矣。居上而驕。盈滿之至。死氣至矣。焉得不
亡。作亂之事。每起於犯上。犯上之事。每起於心之

不平其幾甚微深可畏也懷才負氣之士往往激於一時之不平不較事之大小理之邪正及躬被刑罰念及父母所生之全體以及平日鞠養之恩而悔已無及矣可不痛哉易曰亂之所生也則言語以爲階朋衆相處往往於言語之中殺機已伏是以君子愼密而不出也案五者皆出於心之仁三者皆出於氣之暴五者備而三者除則所以致家庭聚順之歡者即以養天下和平之福矣黄氏云若是者何也敬身之謂也敬身而後敬人敬人

而後敬天頌曰敬之敬之天維顯思命不易哉無曰高高在上爲天子者如此又況其下者乎爲下而爭亂忘身及親是君子之大戒也孝經者其爲辟兵而作乎辟兵與刑孝治乃成兵刑之生皆始於爭爲孝以教仁爲弟以教讓何爭之有傳曰堯舜帥天下以仁而民從之桀紂帥天下以暴而民從之所藏乎身不恕而能喻諸人者未之有也故恕者聖人所(下脫以字)養兵不用而藏身之固也案黃氏之言深得經之神恉抑又思之驕以致亡亂以

致刑。爭以致兵。此之謂毁傷。非是則殀壽不貳。脩身以俟之。命也。所欲有甚於生者。所惡有甚於死者。致命遂志。殺身成仁。義也。是故驕也。亂也。爭也。雖幸而無患。君子謂之毁傷。所謂罔之生也。幸而免也。不驕不亂不爭。雖不幸而死。若比干之極諫。孔父仇牧之死難。君子謂之全歸。未見蹈仁而死者也。蹈仁而死。猶不死也。以其無毁傷之道也。故曾子臨大節而不可奪。又案爲下不亂。中庸作不倍。倍。背也。背者。亂之階也。旣明且哲。以保其身。所以守身即所以立身也○治要引注云雖尊爲君而不驕也爲人臣下不敢爲亂也義無誤又云忿爭爲醜嚴云當云朋友爲醜醜類也以爲善嚴云當云助己爲善不忿爭也文既脫誤即如嚴校義亦未允又云富貴不以其道是以取亡也不以其道四字未甚允又云爲人臣下好爲亂則刑罰及其身不誤又云朋友中好爲忿爭惟兵刃之道醜字不必專指朋友又云夫愛親者不敢惡於人之親今反驕亂忿爭雖日致三牲之養豈得爲孝乎據釋文誤本遂於經

愛人外增出親字。天子聖治兩章注由此皆誤矣。

五刑章第十一

釋曰　上言驕亂爭三者不除，養雖隆猶爲不孝。葢不孝始於忘身，充忘身之極，則無父無君，殫殘聖法，無惡不爲。故此章遂極言不孝之罪。所謂刑自反此作。故以五刑名章。葢蒙聖治章悖德悖禮之文，以反結首章事親事君立身之義，春秋所以討亂賊明王法以遏亂也。

子曰：五刑之屬三千，而罪莫大於不孝。

科條三千。謂劓墨。當爲墨劓。宮割臏此字盧補大辟。穿窬盜竊者劓。嚴云。當作墨。劫賊傷人者墨。嚴云。當作劓。男女不與當爲以。禮交者宮割。壞人二字盧補垣牆開人關闔者臏二字盧補手殺人者大辟。釋文

【箋云】舊說。不孝之罪。聖人惡之。去在三千條外。疏易突如其來如焚如。鄭氏曰。不孝之罪五刑莫大。焚如。殺其親之刑

要君者無上。

【箋云】明皇曰。君者臣所稟命也。而敢要之。是無上也。

非聖人者無法。

非侮聖人者釋文其心無法。補四字箋云明皇曰。聖人制作禮法。而敢非之。是無法也。

非孝者無親。

非此字補人行者釋文其心無親。補四字箋云明皇曰善事父母爲孝。而敢非之。是無親也。

此大亂之道也。

箋云元氏說。人不忠於君。不法於聖。不愛於親。此皆爲不孝。罪惡之極。故以大亂結之。釋曰此承上章推極不孝之罪。言五刑之屬科條總有三千。而罪莫有大於不孝。不孝則無父無君。凶德悖禮。與聖人之道全反。惡逆滔天。將使人類相殺無巳時。此是大亂之道也。五刑之屬三千。述尚書呂刑文。呂覽引商書曰刑三百。罪莫大於不孝。或三百係三千之誤。或三百其綱。三千其目。皆大分言之科條三千。蓋聖人惟刑之恤。一條之中。或故或誤。輕重出入。分析至詳。務在化惡爲善。弼教棐彜。並生並育。據呂覽則夫子此言本商書古訓。周書言元惡大憝矧惟不孝不友亦此意說文云𠫓不順忽出也从到子同倒易曰突如其來如不孝子出不容於內也𠫓即易突字也易稱突如其來如焚如蓋不孝之極如商臣莒僕之等凡在人類莫不欲處以極刑五刑之常雖大辟不足以蔽其辜故殺而焚之唐氏說周禮大司徒賈疏云孝經不孝不在三千者深塞逆源蓋三千科條均係人道之刑人而至於不孝則非人行而淪於禽獸故當處以待禽獸之法如後世凌遲之刑此聖人之所不忍言

故不在三千之條。賈公彦謂深塞逆源，得禮與刑之精意矣。案凡入出於禮則入於刑，黄氏謂禮有三千，刑亦三千，禮刑相維，不孝之罪，豈惟禮所不容，亦刑所不容，故别著在三千條外，所謂罪不容於死也。阮氏云：志在春秋，爲弒君父者嚴刑法也，行在孝經，爲事君父者率性道也。文言曰：非一朝一夕之故，其所由來者漸矣。此易教兼春秋孝經言之也。要君者無上以下，申言不孝爲罪之至大。簡氏云：三者皆自不孝而來，不孝則無可移之忠。

由無親而無上。於是乎敢要君。不孝則不道先王之法。言而無法。於是乎敢非聖人。不孝則不愛其親而無親。於是乎敢非孝。故曰此大亂之道也。明其當爲莫大之罪也。元氏云。凡爲人子。當須遵承聖教。以孝事親。以忠事君。君命宜奉而行之。敢要之。是無心遵或當爲尊於上也。若臧武仲以防求爲後於魯。晉舅犯及河授璧請亡之類。是也。唐氏說論語朱子注云。要。有挾而求也。有所挾以求君。其居心不敬之甚矣。案要者。有所挾以與君約。使君不得不從已。要。如要於路之要。蓋持其要害之意。臣之祿。君實有之。臣言情於君可也。予奪可否。惟君所命。無敢强求。若惟恐君之不許。而迫以不得不許之勢。則要君矣。武仲本非有叛君之心。其事本迫於勢之不得已。然迫於勢而反以據邑之勢迫君。則其心固已不顧君臣之義。故夫子正其名曰要君。舅犯於君倚己如左右手之時。而乘機以堅君之信。故趙文子謂見利不顧其君。充類至義之盡。則凡亂臣致難於其君不奪不饜者。孰非由勢

迫利疚而然。君至尊也。而敢要之以從其私。天澤
定分何在。是其心無上也。非者。不以爲是而毀謗
之。正朝夕者視北辰。正嫌疑者視聖人。聖人制爲
禮法。輔以刑法。使天下君君臣臣父父子子。以相
生相養相保而不相殺。不忠不孝之人。行事皆悖
禮法。犯刑法。與聖人之道無一不相反。故舉天下
萬世所公是者而非之。唐氏說。此言所以尊經也。
孔子謂君子畏聖人之言。小人侮聖人之言。禮記
王制云。析言破律亂名改作。執左道以亂政。殺。行

僞而堅言僞而辯學非而博順非而澤以疑衆殺夫析言破律禁事其罪至於殺不以聽者謂其非經而侮聖也法謂法律近世無知妄作之徒崇欲軼乎名教之外深憚聖經法典動輒以毀經爲言且以似是而非之辭侮慢聖人此法律之所不容者也案聖人先知先覺行爲世法言爲世則非之者傲很明德以亂天常是其心無法也要君非聖之惡皆由於不孝孝者天經地義人所秉乎性以爲行孩提之童無不知愛其親天下雖至驕悍不

馴之夫聞孝子之行無不惻然自動其天良不孝之子喪其本心竟忍以孝行爲非曾不念身所從來屬毛離裏天性至親是其心無親也簡氏云今之非孝者云孝知有家不知有國韓非子云魯人從君戰三戰三北仲尼問其故對曰吾有老父身死莫之養也仲尼以爲孝舉而上之以是觀之夫父之孝子君之背臣也甚哉韓非之誣也周官有養死政之老曾子云事君不忠非孝也戰陳無勇非孝也故經曰君子之事親孝故忠可移於君孝

子忠臣相成之道也。案人而至於非孝。則天理絕滅盡矣。孝則事君必忠。而聖教行。天下治。不孝不忠。則聖法戮而乾坤或幾乎息矣。故曰此大亂之道也。人生於三事之如一。故天地者人之本。祖父者類之本。君師者治之本。事親事君事師其義同。大戴禮言大罪有五。殺人爲下。蓋殺人者。所殘止一人。自取誅戮而已。要君非聖非孝。則逆天悖理之極。將驅天下爲禽獸。以召禽獮草薙積血暴骨之禍。故聖人必首誅之。所以救同類於水火以至順討至逆。迫於愛敬。萬不得已之心而出之者也。
孔子誅少正卯。誅亂臣賊子。豈得已哉。○黃氏云。
兵刑雜用而道德衰。聖人之禁也。曰示之以好惡。
示之以好惡。則猶未有禁也。刑而後禁之。周禮司
徒以六行教民。司寇以五刑匡其不率。於是有不
孝之刑。不友之刑。不睦婣不任卹之刑。此六者。非
刑之所能禁也。刑之所能禁者。寇賊姦軌耳。然其
習爲寇賊姦軌者。刑亦不能禁也。必以之禁六行。
禁其不率。則是束民性而法之也。言束縛民性而歸於法。束民性

而法之。不有陽竊。必有陰敗。言民以詐相遁。繇是則堯舜之禮樂。與名法爭騖矣。此爲明代用刑刻深而陳忠諫痛乎言之。爭騖必絀。然且夫子猶言刑法。何也。夫子之言。蓋爲墨氏而發也。人情易媮。媮而去節。則以禮爲戎首。夫子之時。墨氏未著。而子桑戶原壤之徒。皆臨喪不哀。遯於天刑。夫子逆知後世之治必入於墨氏。臨喪不哀。其變則爲墨氏薄葬。不愛其親矣。墨氏之徒必有要君非聖非孝之說。以爚亂天下。使聖人不得行其禮。人主不得行其刑。刑衰禮息。而愛敬不生。愛敬不生而無父無君者始得肆志於天下。故夫子特著而豫防之辭。簡而旨危。憂深而慮遠矣。唐氏云。按近世墨氏之學盛矣。聰穎之士喜其新奇。迷入其中。良可憫痛。黄氏之言。所見尤遠。可謂得孔曾之精意。案觀於今日無父無君非聖之禍。眞如孟子所云率獸食人。人將相食。乃知不愛其親而愛他人。爲大凶德。墨氏兼愛之爲兼惡。而猖狂浮游之言。視君臣父子若萍浮江河而適相合。實有以啟其先。其流毒至今日二千餘年而驟發。不可遏。此聖人以至德要道順天下所以不得已而用刑遏亂也孝經十八章而言刑祇此一章聖人體天地生生之德任德不任刑也言刑而大聲疾呼如此誠不忍天下萬世赤子匍匐將入井而異端之徒肆其不仁將推而下之且投石也○注云劓墨宮割臏大辟者陸氏云墨刻其額而涅之以墨劓截鼻之刑宮割男子割勢女子宮閉之白虎通五刑篇曰臏者脫其臏也案臏書呂刑作剕周禮司刑作刖大辟死刑五刑之條周禮每罪各五百合二千五百

呂刑則墨劓各千。剕五百。宮三百。大辟二百。凡三千。變周初法從夏制。所謂刑罰世輕世重各因時宜。其次。呂刑先剕後宮。周禮先宮後刖。注說五刑所犯之罪。與周禮注引書大傳有異。同各有所本。要皆舉其大略。釋文不見臏字。亦不見剕刖字。考易困卦刖字。書呂刑剕字。周禮司刑注臏字。皆有音。孝經童蒙始習。何反無音。竊疑釋文宮割條下必有闕文。據注宮下有割字。周禮注逃書作臏辟。蓋皆據今文尚書。與後注古文異。此注蓋本作臏字。陸以宮割字臏字皆與當時所行呂刑異。故先據呂刑正文解經。乃爲注作音別其異同。以宮割條稱呂刑及周禮並直作宮字例之。當補云臏。頻忍反。呂刑作剕。周禮作刖。盧氏於宮割下補臏字。於闕闕下空缺處補者臏二字。皆是。今從之。先宮後臏。或因所據成文。或傳寫倒置。至聖人制刑及誅不孝大義。余於易噬嗑坎離箋釋論之詳矣。○治要引注云。五刑者。謂墨劓臏宮割大辟也。又云。事君先事而後食祿。今反要之。此無尊上之道。又云。非侮聖人者不可法。己不自孝。又非他人爲孝。
不可親。又云。事君不忠。侮聖人言。非孝者。大亂之
道也。義皆無誤。惟釋非孝句與釋文引注不合。

孝經鄭氏注箋釋卷二

孝經鄭氏注箋釋

姪壬申謹題

孝經鄭氏注箋釋卷三

曹元弼學

廣要道章第十二

釋曰上旣舉孝子事親之節目以指人行莫大之實。又言罪莫大於不孝。以申凶德之戒。故此兩章遂蒙君子能成德教之文。言教莫善於以孝。興禮以禮行孝。以發至德要道之精義。先要道後至德者。上言行莫大於孝。罪莫大於不孝。因歷說教民莫善之事。由孝及弟。遂及禮樂。蓋孝則必弟。而禮

樂從此起，孝弟皆須禮以行之，是謂要道。而道之
所以爲要，本德之所以爲至。此章由孝弟以及禮
樂，而詳言禮之用，故結言要道。下章由禮樂推本
孝弟，以極見孝之大，故結言至德。聖人之言，反覆
相成，行乎其所不得不行，如日月相從，山川縈抱，
無非天行之健、地勢之順也。兩章大義，當通合觀
之。蓋德者，愛敬也。愛敬及天下，謂之至德，孝弟是
也。孟子曰：親親，仁也；敬長，義也。無他，達之天下也。
德而曰至，以言乎其大也。道者，所以行愛敬者也。

愛敬一人而千萬人說謂之要道禮樂是也孟子曰仁之實事親義之實從兄禮之實節文斯二者樂之實樂斯二者樂則生矣生則惡可已惡可已則不知足之蹈之手之舞之道而曰要以言乎莫此爲善也愛非敬不立愛親者不敢惡於人敬親者不敢慢於人不敢即敬也故曰語孝必本敬本敬則禮從此起孝弟同體父子之道君臣之義相須而成孝則必弟孝則必忠孝以愛興敬禮以敬治愛古之君子躬行至德自盡其孝弟忠敬以事

父事兄事君。而卽以敬天下之爲父兄君者。是之謂教以身教也。敬天下之爲父兄君者。而天下之子弟臣皆惻然自生其事父事君事兄之心。是之謂悅。悅卽樂。則生矣之樂。所謂天地之經而民是則之。孝弟恭敬民皆樂之也。天下之子弟臣悅。則興孝興弟作忠。而愛不可勝用。敬不可勝用。尊尊親親長長幼幼。以生以養以富以教而上下安。型仁講讓和親安平康樂。而風俗成矣。故曰孝經者制作禮樂仁之本。夫是之謂順。此兩章通義也。上

陳五孝。皆至德要道之實。此更發明其所以爲要
所以爲至。引而申之以盡其義。故曰廣。下章言教
以孝教以弟。而結言至德。此章言孝弟。又言禮樂
而結言要道。首章注以至德爲孝弟要道爲禮樂。
深得經旨矣。○又案孔子行在孝經。教孝教忠教
弟。而萬世之下皆知父之爲父君之爲君兄之爲
兄。即所以敬萬世之爲君父兄者也。萬世之爲子
弟臣者。讀孝經無不自動其孝弟忠敬固有之良
心。所謂子說弟說臣說也。子弟臣說。則本立道生。

親愛禮順之心生，惡可已。擴而充之，天下無亂，不可治。無散不可聚，無弱不可强。故黄忠端之序孝經曰：「循是而行之，五帝三王之治猶可以復。」

子曰：教民親愛，莫善於孝。教民禮順，莫善於弟。本亦作悌。釋文

弟，此字補。人行之次也。釋文

移風易俗，莫善於樂。

樂感人情者也。惡鄭聲之亂樂也。釋文　箋云：漢書刑法志曰：凡民函五常之性，而其剛柔緩急音聲不

同。繫水土之風氣。故謂之風。好惡取舍動靜亡常。隨君上之情欲。故謂之俗。孔子曰。移風易俗。莫善於樂。言聖王統理天下。一之乎中和也。

安上治民。莫善於禮。

上好禮。則民易使也。釋文　箋云。禮記說禮之於正國。猶衡之於輕重。繩墨之於曲直。規矩之於方圜。敬讓之道也。故以奉宗廟則敬。以入朝廷則貴賤有位。以處室家則父子親兄弟和。以處鄉里則長幼有序。孔子曰。安上治民。莫善於禮。此之謂也。孟子曰仁之實事親是也義之實從兄是也禮之實節文斯二者樂之實樂斯二者白虎通曰樂以象天禮以法地人無不含天地之氣有五常之性者故樂所以蕩滌反其邪惡也禮所以防淫佚節其侈靡也故孝經曰安上治民莫善於禮移風易俗莫善於樂禮樂

禮者敬而已矣

敬者禮之本也注疏

故敬其父則子說音悅注及下同釋文

說文釋者。人心感而誠服。七字補

敬其兄則弟說。敬其君則臣說。

盡禮以事釋文父兄君。則子弟臣皆說。明孝弟忠敬。

人心同。十七字補

敬一人而千萬人悅。

箋云舊說。一人。謂父兄君。千萬人。謂子弟臣也。疏引

舊注疑鄭同

所敬者寡而說者眾。此之謂要道也。釋文要。因妙反。下同。臧云。下

無要字。當作注同。

守約施博曰補五字要推校釋文注當有要字。釋曰此章明禮以行孝爲道之要。夫子言教民親睦慈愛。由親及疏。以恩意相人偶者。莫善於孝。惟愛親故能愛人。而仁不可勝用也。教民由禮相順長幼卑尊各有次序無相奪倫者。莫善於弟。孝則必弟。父子一體。昆弟一體。親愛於所生。必親愛於所同生。而父母生之兄先弟後自然之序。故孝乎惟孝友于兄弟而弟必從兄。是謂弟。孝友者天性之愛。弟者天倫之順。由弟順於兄推之。故尊老敬長自卑尊人而義不可勝用也。轉移風氣，變易習俗，發育其孝弟之性，以合生氣之和，導五常之行者，莫善於樂。樂者感人心，通倫理者也。尊安君上，使不危亡，治理民人，使遠兵刑，勸率其孝弟之行，以正五倫，修十義，講信修睦，使天下長治久安者，莫善於禮。禮者辨上下，定民志，人類之綱紀也。此以上由孝及弟由孝弟及禮樂，四者分言而理實一貫，故下文遂以禮言孝弟，并及資父事君之義。孟子言仁之實事親，義之實從兄，實即所謂莫善也。禮之實節文斯二者樂之實樂斯二者。明禮樂從孝弟出。此孟子傳孝經微言大義也。記曰。立愛自親始。教民睦也。立敬自長始。教民順也。亦此章之義。禮無不順。禮順亦謂相敬。禮順承也。禮者敬而已矣以下。明孝弟皆以禮行之。言禮而樂在其中。簡氏說經前言禮樂。而此章先樂後禮。以連有申言禮之文也。禮獨申言者。以禮節樂。作樂在行禮中也。案禮出於愛敬之情。而愛著於敬。惟敬能盡愛。故禮主於敬。禮之大義。尊尊也。親親也。長長也。凡親親之禮。

皆所以敬爲人父者。爲子者見之。則惻然自動其孝思。覺必如是而後心安。故敬其父則子說。凡長長之禮。皆所以敬爲人兄者。爲弟者見之。則頹然自動其順心。覺必如是而後心安。是敬其兄則弟說。凡尊尊之禮。皆所以敬爲人君者。爲臣者見之。皆肅然自起其忠敬。覺必如是而後心安。是敬其君則臣說。今試讀士冠喪祭之禮。射鄉之禮。聘覲之禮。有不自動其孝親敬兄忠君之心者乎。又試觀古來孝子弟弟忠臣之行事。有不自動其孝弟與忠之心者乎。此敬與說之明驗也。凡人皆有孝弟忠之心。而或不自覺禮之敬。所以覺之。人性皆善。有感斯通。敬一父敬一兄敬一君而千萬爲子爲弟爲臣之人皆說。所敬者至寡而所說者至衆。由是親愛禮順治安教不肅而成矣。守約而施博。初不待每人而悅之。率性之謂道。易簡而天下之理得。此之謂要道也。簡氏云孝經諸文皆主孝而言。蓋事父孝者則事兄悌。故遂言悌。祭義之言孝曰禮者履此者也。樂自順此生。故言樂而終言禮。

曲禮曰毋不敬夫孝而敬其父者必敬其兄故經曰以敬事長則順孝而敬其父者必敬其君故經曰資於事父以事君而敬同皆一以貫之也案不言母者資於事父以事母言父則母在其中不言長者以事兄之弟事長也黃氏云孝悌者禮樂之所從出也孝悌之謂性禮樂之謂教因性明教本其自然而至善之用出焉亦曰不敢惡慢而已敢於惡慢人則敢於毀傷人敢於毀傷人則毀傷之者至矣故敬者禮之實也敬而後悅悅而後和和

而後樂生焉。敬一人而千萬人悅。禮樂之本也。明主治天下。必知其本務而致力之。天下之和睦則必繇此也。詩曰穆穆文王。於緝熙敬止。如文王則可謂知要也。○疏引制旨曰。制旨曰。正德本誤制百口。閩監毛本改樂記云。孝經學據之以爲元氏語。未是。今審定如此。禮殊事而合敬。樂異文而合愛。敬愛之極。是謂要道。神而明之。是謂至德。故必由斯人以宏斯教。而後禮樂興焉。政令行焉。以盛德之訓傳於樂聲。則感人深而風俗移易。以盛德之化措之禮容。則悅者衆而名教著明。然則韶樂存於齊而民不爲之易周禮備於魯而君不獲其安亦政教失其極耳夫豈禮樂之咎乎案此說甚善審其文義與前引制旨相類惜乎政教失其極明皇實不能免卒有幸蜀之變元氏引之殆見微知著以將順爲匡救乎○弟今本作悌案弟本訓韋束之次弟假借爲兄弟字卽由次弟義引申之故弟愛敬兄順其次弟卽謂之弟悌俗字注云人行之次次卽次弟也或云祭義云年之貴乎天下久矣次乎事親也注意蓋謂孝爲人行莫大

而悌卽次之亦通。○治要引注云。夫樂者感人情。樂正則心正。樂淫則心淫也。義無誤。上好禮句同。釋文。又云。敬者禮之本。有何加焉。以有何加釋而已矣語意似未甚協。此敬而已矣乃起下之辭。言禮非他。卽敬耳。故下遂歷說敬。不必贅此一語。又云。所敬一人是其少。千萬人悅是其衆。不悞。又云。孝弟以教之。禮樂以化之。此謂要道也。與首章注以至德爲孝弟。要道爲禮樂。不免齟齬。

廣至德章第十三

釋曰道之所以爲要。本德之所以爲至。由要道推本至德。故以廣至德名章。

子曰。君子之教以孝也。非家至而日見之也。

言教不必家到戶至。日見而語之。但行孝於內。其化自流於外。注疏　文選庾元規讓中書令表注引作非門到戶至而見之。任彥昇齊竟陵王行狀注引作非門到戶至而日見也。釋文出語之但三字。箋云禮鄉飲酒義曰。君子之所謂孝者。非家至而日見之也。合諸鄉射教之鄉飲酒之禮。而孝弟之行立矣。

教以孝。所以敬天下之爲人父者也。

天子父事三老。釋文舊脱父字。今依盧校。所以教天下孝。六字

補

教以弟。今本作悌。據前後兩章釋文。則此字亦當作弟。釋文有弟悌二本。出經字蓋皆作弟。注則弟悌錯見。臧氏謂皆當作弟。今審定經字一作弟。注姑隨本。所以敬天下之爲人兄者也。

補

天子兄事五更。釋文舊誤兄弟。今依盧校。所以教天下弟。六字

教以臣。所以敬天下之爲人君者也。

郊宗之禮君事天。宗廟之禮君事尸。所以教天下

臣二十字補箋云孟子曰親親仁也敬長義也無他達之天下也禮文王世子記說世子齒學之禮曰國人觀之曰將君我而與我齒讓何也曰有父在則禮然然而衆知父子之道矣其二曰將君我而與我齒讓何也曰有君在則禮然然而衆著於君臣之義也其三曰將君我而與我齒讓何也曰長長也然而衆知長幼之節矣故父在斯爲子君在斯爲之臣居子與臣之節所以尊君親親也故學之爲父子焉學之爲君臣焉學之爲長幼焉父子君

臣長幼之道得而國治。大傳曰。親親也。尊尊也。長長也。此不可得與民變革者也。

詩云。愷悌君子。民之父母。非至德其孰能順民如此其大者乎。釋文。愷。本亦作豈。悌。本亦作弟。臧云。石臺本唐石經岳本皆作愷悌。鄭本當本作豈弟。釋文蓋出後人改。今姑仍其舊。

箋云。爾雅釋詁。愷。樂也。弟。易也。表記曰。豈以强教之。弟以說安之。使民有父之尊。有母之親。如此而後可以爲民父母矣。非至德其孰能如此乎。釋曰

此章明孝以起禮爲德之至。上言禮主於敬。而致

以行孝。禮之所以一敬而天下皆說爲道之要者。由孝本天下人心所同爲德之至也。故夫子遂申言之曰。君子之教民以孝也。身行孝於內。而化自流於外。禮自達於下。非家至日見每人而語之也。蓋天下之理一也。教以孝。卽所以徧敬天下之爲人父者也。愛敬盡於事親。於是老吾老以及人之老。使天下之民無凍餒之老者。又於太學行養老之禮。天子父事三老。執醬而饋。執爵而酳。而天下曉然於事父之道。是不啻胥天下之父由吾而敬

之也。孝則必弟。教以弟。即所以偏敬天下之爲人
兄者也。禮。族食君與父兄齒。長我之長亦長人之
長。自朝廷州巷獀狩軍旅。弟道無不達。又天子兄
事五更。而天下曉然於事兄之道。是不啻胥天下
之兄由吾而敬之也。孝則必忠。由子道以立臣道。
教以臣。即所以偏敬天下之爲人君者也。天子至
尊。而郊祭冊祝稱臣。以君禮事天。君入廟門全乎
臣全乎子。以君禮事尸。天下由是曉然於臣道。而
各有禮於其君。是不啻胥天下之君由吾而敬之

也。敬卽禮也。所以起敬者孝也。所敬之大如此。故
所說之衆。如彼。蓋親親敬長。達之天下。無不同。立
人之道曰仁與義。在此。而君臣之義。所以保全天
下之父子兄弟。尊尊親親長長之道。得而國治。是
皆出於天命之性。易簡之至德。實爲禮之大本。人
心所同然。是以措之天下。無所不行。百姓親。五品
遜。而愛敬不可勝用也。故復引詩以歎美之。詩。大
雅洞酌之篇。愷。樂也。樂以强教之。孝悌恭敬。民皆
樂之。因其所樂。以勸强教諭之。所謂教以孝。教以

弟教以臣也悌易也易以說安之易則易知簡則易從令順民心民日遷善而不知爲之所謂子說弟說臣說也聖人通天地生人之本因其固有而利導之民由是親愛禮順以相生相養相保故君子之於民其教之說之有父之尊有母之親非體至德其孰能舉道之要以順民心如此其大者乎故曰堯舜之道孝弟而已子曰民之所由生禮爲大要道也傳曰孝禮之始也至德也孝故敬敬故說說故順敬者禮之本也說者樂之本也敬三

之父兄君而天下之子弟臣說禮樂之所由作也
聖人致中和贊化育之功盡於是矣夫父子之道
天地生生之大德也孝者子道人之所以生也本
人之所以生而擴充其生機以大生廣生天下萬
世之人是謂民之父母是君道也是師道也是天
道也嗚呼至矣○注說教以孝云行孝於內其化
自流於外又云天子父事三老兄事五更此義至
精蓋君子篤行至孝誠中形外老吾老以及人之
老養老之禮非虛加之文乃孝弟之德充積發見

而不能自已者所謂推恩也聖人制禮皆身教之實所以天下觀感興起亦皆勉爲孝子悌弟忠臣而不能自已所謂孝子不匱永錫爾類也文王世子言世子齒學之禮自爲世子時而學父子君臣長幼之道此所以自上至下皆兢兢爲子臣弟少之事雖天子必有父必有兄博愛廣敬不敢惡慢於人而德教普施爲民父母也曰衆知者即徧敬盡說之意祭義曰孝弟發諸朝廷行乎道路至乎州巷放乎獀狩脩乎軍旅鄉里有齒而老窮不遺

强不犯弱。衆不暴寡。此由大學來者也。所謂親愛禮順和睦無怨也。古之教與學在此。故曰謹庠序之教。申之以孝弟之義。三代之學皆所以明人倫。此孝經與大學一貫之大義也。學者學禮。學者以孝經之意觀禮。則本立道生。神而明之矣。注以父事三老爲教孝。兄事五更爲教弟。本感應章義及孝經緯文。白虎通、公羊解詁說皆同。祭義云食三老五更於大學。所以教諸侯之弟。以食三老并屬弟者。孔疏云以上文祀文王於明堂爲孝。故以食三老五更爲弟文有所對也。元疏非。愷詩作豈，假借字。禮記作凱，俗字。悌，詩、禮記、爾雅皆作弟。與孝弟字同義近。悌，俗字。○治要引注云：非門到戶至而日見之也，但行孝於內，流化於外也。又云：天子父事三老，所以敬天下老也。天子兄事五更，所以教天下悌也。天子郊則君事天，廟則君事尸，所以教天下臣。義皆是。又云：以上三者教於天下，眞民之父母。又云：至德之君能行此三者教於天下也。義不誤而稍淺。

廣揚名章第十四

釋曰上言教孝教弟教臣。弟主於兄而兼事長。故此章遂備言孝弟忠順。不出家而成教於國。以申首章立身行道揚名之義。孝始於事親終於立身。五孝皆必有始有終。則揚名之實已具。此章更詳說其義。故曰廣。聖治章言人之行莫大於孝。紀孝行章因舉孝子事親之節目。而孝弟一體。忠孝一體。順即弟之別。故此章遂承上兩章詳言之。結言行成於內。蓋人行之大於是乃備孝弟忠順本士章之義而士之所以立身卽王者之所以順天下。
內聖外王之學。一察於人倫而已。
子曰君子之事親孝。故忠可移於君。
以孝事君則忠。注疏求忠臣必於孝子之門補九字
事兄弟故順可移於長。釋文弟本作悌下注皆同長丁丈反注皆同案下注皆
同謂感應章孝弟之至及注中有弟字容此注
亦有云注皆同謂此注有長字且不一見也。
以敬事長則順。注疏弟愛敬兄謂之補六字弟釋文賈子道
術語弟弟善事補四字長釋文曾子語
居家理治可移於官。釋文治直吏反注同讀居家理故治絕句疏云先儒以爲居家

理下闕一故字。御注加之。臧云。按釋文正義知經作居家理治可移於官。疏家疑脫故字。明皇加之。今石臺本唐石經皆有故字。釋文據鄭注本無故字。是以云居家理治絕句。與上文異讀。今釋文有故字。後人加。案臧說甚是。今據刪。

君子所居則化。故可移於官也。注疏家齊而后國五字

補治釋文

是以行成於內。而名立於後世矣。注疏

修上三德於內。名自傳於後代。注疏　臧云。當作後世。唐人避諱改代。

【釋曰】上明君子以孝順天下。此明君子以孝立身。夫子言君子之事親能孝。故至誠惻怛之意。可

移於君而爲忠。蓋人非父母不生，亦非君不生。天下一日無君，則弱肉强食，爭奪相殺之禍立至，人莫得保其父子。故孝子事君必忠，孝出於誠，故曰忠者其孝之本，事君之忠即由此誠心推之，資於事父以事君而敬同。敬者愼重懇誠之至，非虛爲恭也。事兄能弟，故敬遜從命之道可移於長而爲順。弟必賴兄之率先，卑幼必賴尊長之率先。內則宗族姻黨之長及師長，外則官長，皆所以佐君親生成我者也。兄弟天倫，長幼天秩，弟非兄、幼非長則倀倀乎其何之。故善兄弟爲友。手足一體。天性相愛。而弟於兄必愛又加敬。謂之弟。弟者心順行篤也。惟然故其道可移以事長。先王之世。弟達乎朝廷。弟達乎州巷。天下所以無鬬辯暴亂之禍。皆由家庭之間從兄後長基之也。居家能理治。言有物行有恒。本身作則。妻子好合。兄弟既翕。得人之歡心以事其親。家事無不理治。則移以居官。出門如賓。使民如祭。夙夜匪懈。以事一人。而官事亦無不理治矣。君子之立身行道如是。是以行成於內。

措之天下無所不行，而名自立於後世矣。此君子務之成身以成親也。名之立由行成於內，蓋君子務本，本立而道生。其所厚者薄而其所薄者厚，未之有。故孝乎惟孝，友于兄弟，卽施於有政。曾子曰：未有君而忠臣可知者，孝子之謂也；未有長而順下可知者，弟弟之謂也；未有治而能仕可知者，先修之謂也。故曰：孝子善事君，弟弟善事長。君子一孝一悌，可謂知終矣。故孝經爲教忠之本，入則孝，出則弟，卽可以守先王之道而垂法後世，在上者之官人在下者之取友，亦視其家庭之閒厚薄何如耳。經三言可，不待其事君事長居官而知其可也。孝者所以事君，弟者所以事長，慈者所以使衆。正家而天下定，行而世爲天下法，言而世爲天下則矣。○黄氏云：君子之立行，非以爲名也，然而行立則名從之矣。詩曰：文王有聲，遹駿有聲。周公之告召公曰：丕單稱德。皆不諱名也。而今之君子則必以名爲諱，故孝弟衰而忠順息，居家不理，治官無狀，而猥享爵禄者衆也。顧氏炎武云：今人自束髮讀書之時，所以勸之者，不過所謂千鍾粟、黄金屋，而一旦服官，即求其所大欲，君臣上下，懷利以相接，遂成風流，不可復制，後之爲治者宜何術之操？曰：唯名可以勝之。名之所在，上之所庸，而忠信廉潔者顯榮於世；名之所去，上之所擯，而怙侈貪得者廢錮於家。即不無一二矯僞之徒，猶愈於肆然而懷利者。南史有云：漢世士務修身，故忠孝成俗，至於乘軒服冕，非此莫由。晉宋以來，風衰義缺，故昔人之言曰名教，曰名節，曰功名，不能使天下之人以義爲利。而猶使之以名爲利。雖非純王之風。亦可以救積污之俗矣。又曰。漢人以名爲治。故人材盛。今人以法爲治。故人材衰。又曰。宋范文正上晏元獻書曰。夫名教不崇。則爲人君者謂堯舜不足法。桀紂不足畏。爲人臣者謂八元不足尚。四凶不足恥。天下豈復有善人乎。人不愛名。則聖人之權去矣。案聖人正名百物。善善而惡惡。是是而非非。使天下灼然知善之爲善而力行之。力行之而孝敬忠信之名歸焉。身有盡而名無窮。必使言爲世法。動爲世道。篤實輝光。永久弗替。而後立身行道。爲無遺憾。孝經曰。行成於內而名立於後世。行成於內者。務其實不願乎外也。論語曰。君子疾沒世而名不稱。疾其無爲善之實也。是故日月有明。人皆見之。不求名而名自歸者。上也。秉燭幽室之中。有求必見。顧名而思義。循名以致實者。次也。若夫不顧名義。不恤公論。惟利是圖。昏不知恥。則民斯爲下。其禍將使天下淸濁淆亂。邪慝並興。反易天明。決裂綱常。而大亂起矣。故名之所繫至大。顧

氏之言。雖未及乎孝經揚名之義。亦愛禮存羊剎
極思復之苦心至論也。○簡氏云。孝經言孝不言
慈。言弟不言友。何也。蓋孝經者。專與人子言孝者
也。瞽瞍不慈。舜以孝事之而厎豫。是能以子之孝
成父之慈也。彼子不孝者。豈不曰父不慈乎。禮坊
記云。父母在。言孝不言慈。君子以此坊民。民猶薄
於孝而厚於慈。此其慎也。爾雅曰。善兄弟爲友。孝
經言弟。善於兄。而不及兄善於弟。猶其言子慈於
親。據諫諍章言慈愛。與內則慈以旨甘同義。而不及親慈於子也。亦坊

也。彼弟不悌者。豈不曰兄不兄乎。若夫治家而家理者。必無失於子矣。亦必無失於弟矣。無失於子。慈也。無失於弟。友也。事親者得子弟之懽心以事其親。是事親者之慈之友。皆事親者之孝也。純乎其爲孝經也。案兄弟相愛爲友。而弟於兄愛又加敬謂之弟。言弟則友在其中。而順由此推。此孝經立教之精義也。天下之患。必起於幼而不孫弟。由其不弟。則不孝不忠將無所不至。此孝經防患之至意也。居家理治。則父慈子孝兄良弟弟。夫義婦聽長惠幼順無所不用其極而皆以一孝統之此孝經所以爲天下之大本也○據疏則理下治上本無故字據釋文則鄭以理治絶句蓋鄭學之徒相傳舊讀臧氏云忠與孝悌與順各兩事故分言之居家居官之理治一也故合言之唐本增經字非案易家人初九荀注引孝經居家理治可移於官與鄭本鄭讀同○治要引注云以孝事君則忠欲求忠臣出孝子之門故可移於君義是又云以敬事兄則順故可移於長也義可通而文與經參

錯。又所居則化下有所在則治四字。

諫諍章第十五

釋曰上論孝道已備。曾子更欲顯諫諍之義。以盡愛敬之誠。使安親揚名之道無時而窮。夫子爲詳說之故以諫諍名章。

曾子曰。若夫慈愛恭敬。安親揚名。則聞命矣。敢問子從父之令。可謂孝乎。釋文。令，力政反。下及注皆同。

事親有隱無犯。故疑從九字補令釋文爲孝。二字補取唐注引檀弓義。釋曰若夫。從上轉下之辭。慈愛。愛也。恭敬。敬也。安親。天子不毀傷天下。諸侯大夫士不毀傷家國。庶人不毀傷其身。生則親安之也。揚名。立身行道。行孝有終。以顯其親也。上文所言孝道。不外此八字。曾子言若夫盡慈愛恭敬之道以致安親揚名。則既聞夫子之教命矣。敢問子一於從父之令。可謂孝乎。蓋愛則不忍拂意。敬則不敢違命。而父之令設有不善。從而不諫。或致親身危而名辱。又非所以爲愛敬。二者兩難。欲夫子明示其義。故發此問。上言愛敬詳矣。曾子更以慈恭二字足其義。

皇氏謂慈恭者愛敬之小别。慈者孜孜。愛者念惜。恭者貌多。敬者心多。上陳愛敬則包慈恭。劉炫云愛出於内。慈爲愛體。敬生於心。恭爲敬貌。義皆是又對文則子愛親爲孝。親愛子爲慈。散文則慈即愛也。上下通稱。劉氏引内則子事父母慈以旨甘。喪服四制云高宗慈良於喪。莊子曰事親則孝慈。並施於事上是也。

子曰。是何言歟。釋文音餘。下同。案今本作與。歟正字。與假借字。是何言歟。

孔子欲見諫諍之端。釋文諍鬭也。案諍與鬭義絶殊。又萬無以爭鬭訓諫諍之理。且諍字何以無音。竊意釋文此句脫誤殊甚。諫諍下當本云側迸反。止也。通作争。音同。諫争非争鬭也。義乃可通。蓋經作争。注以諍釋之。以正字釋借字也。經之争字當讀如諍。故釋文音注諍字。即音經争字讀同之。而又辨其與争鬭之争異讀。事君章釋文争鬭之争上亦當有非字。寫者不察，文乖理謬。正與喪親章哭不偯陸氏所譏俗作㤾同一昏亂。傳寫之失，悖經反傳如此。故校勘之學不可不講。

昔者天子有争臣七人，雖無道，不失天下。釋文：本或作不失其天下。其，衍字。臧云：石臺本正義無其字。

争。諫諍。三字補 七人，謂三公及左輔右弼前疑後丞。後漢書劉瑜傳注。丞作承，前疑後承在左輔右弼上。釋文出左輔右弼前疑後丞八字。云：弼，本又作拂。音同。丞。本亦維持匡救。使不失愛敬。九字補作承。今依陸本。

【箋】【云】爭古本或作諍。白虎通曰。臣所以有諫君之義何。盡忠納誠也。論語曰。愛之能勿勞乎。忠焉能勿誨乎。孝經曰。天子有諍臣七人。雖無道不失其天下。天子置左輔右弼前疑後承。陽變於七。以三成故建三公。序四諍。列七人。雖無道不失天下。杖伏通。羣賢也。諫諍

諸侯有爭臣五人。雖無道不失其國。

防其驕溢。四字補使不危殆。釋文

大夫有爭臣三人。雖無道，不失其家。

箋云　明皇曰：降殺以兩，尊卑之差。言雖無道，爲有爭臣，終不至失天下亡家國。

士有爭友，則身不離於令名。釋文：離上無不字。偶脫耳，非異本。

士卑無臣，以友輔仁。八字補

父有爭子，則身不陷於不義。釋文：陷，沒也。陷從爪下，非；下同。案：下同當作注同。

父失則諫，故免陷於不義。注疏

箋云　論語曰：事父母幾諫，見志不從，又敬不違，勞而不怨。內則曰：父母有過。下氣怡色。柔聲以諫。諫若不入。起敬起孝。說則復諫。不說。與其得罪於鄉黨州里。寧孰諫。父母怒不說。而撻之流血。不敢疾怨。起敬起孝。易蠱六四。裕父之蠱。往見吝。虞氏曰。裕。不能爭也。孔子曰。父有爭子。則身不陷於不義。

故當不義。則子不可以不爭於父。臣不可以不爭於君。

君父有不義。臣子不諫諍。則亡國破家之道也。臣軌匡諫章注故當不義則爭之。從父之令。又焉得爲孝乎。釋文。焉於虔反。

注同

委曲從君父之令。善只爲善。惡只爲惡。又焉得爲忠臣孝子乎。臣軌匡諫章注【釋曰】兩言是何言歟。蓋深見曲從之不得爲孝。以起諫諍之端。爲深愛篤敬者發其疑。非以曾子爲大謬而斥之也。昔者天子有爭臣以下。詳論諫諍之義。爭者諍之借。故鄭注釋爲諍。或鄭本經字亦作諍。夫子言昔者天子有諫諍之臣七人。陳善納誨。勉以先王之道。惕以亡國之戒。雖或無道。不至大惡於民以失天下。諸侯有諍臣五人。戒以天子之削黜。百姓之怨叛。鄰國之侵伐。雖或無道。不至驕溢以失其國。大夫有諍臣三人。勗以法言德行。敬恭君命。無曠官守。雖或無道。不至事君無義敗國病民以失其家。士卑無臣。有能直言諫諍之友。或仕或學。以孝弟忠順之道相切直。則身不離去於善名。自上至下。爲父者有賢智能諫諍之子。先意以迎機。承志而歸美。至誠懇惻。彌縫變易其失以諭之於道。則親之身不陷沒於不義之中。故當不義將至身危而名辱。則子不可以不諍於父。不諍是漠視其親之陷也。臣不可以不諍於君。不諍是漠視其君之失也。於愛敬之心必不忍出。必不敢出。故當不義則諍之。所以安榮其君親也。若徒從父之令而不顧親之安危榮辱。又何得爲孝乎。蓋孝經大義在天子諸侯卿大夫士庶人各保其天下國家身名。君有爭臣。士有爭友。父有爭子。則雖有失道而不陷於兵刑亂亡。故當不義則不可以不爭。嗚呼。臣子覩君父危亡將至而秦越相視不關痛癢朝廷之上唯諾泄沓持祿保位遂使蠻夷猾夏寇賊姦宄之禍日甚一日安危利菑欺飾如故至於河決魚爛淪胥以亡而後已此又與亂賊之甚者也荀子曰孝子所以不從命有三從命則親危不從命則親安孝子不從命乃衷從命則親辱不從命則親榮孝子不從命乃義從命則禽獸不從命則修飾孝子不從命乃敬故可以從而不從是不子也未可以從而從是不衷也明於從不從之義而能致恭敬忠信

端慤以愼行之，則可謂大孝矣。又說子貢以子從父命爲孝，臣從君命爲貞。孔子曰：昔萬乘之國有爭臣四人，此與孝經小異，蓋傳聞異辭。則封疆不削；千乘之國有爭臣三人，則社稷不危；百乘之家有爭臣二人，則宗廟不毀。父有爭子，不行無禮；士有爭友，不爲不義。故子從父，奚子孝？臣從君，奚臣貞？審其所以從之之謂孝，之謂貞也。王符潛夫論曰：子道君子夙夜箴規，蹇蹇匪懈者，憂君之危亡，哀民之亂離也。故君子推其仁義之心，愛君猶父母，愛民猶子弟。

父母將臨顛隕之患子弟將有陷溺之禍豈能默
乎哉易曰王明並受其福是以次室倚立而嘆嘯
楚女揭幡而激王忠愛之情固能已乎釋難此臣子
所以當諫諍之義也曾子曰父母有過諫而不逆
又曰父母之行若中道則從若不中道則諫諫而
不用行之如由己從而不諫非孝也諫而不從亦
非孝也孝子之諫達善而不敢爭辨爭辨者作亂
之所由興也白虎通曰人懷五常故諫有五其一
曰諷諫二曰順諫三曰闚諫四曰指諫五曰陷諫

諷諫者智也。知患禍之萌。深覩其事未彰而諷告焉。此智之性也。順諫者仁也。出辭遜順。不逆君心。此仁之性也。闚諫者禮也。視君顔色不悅且卻。悅則復前。以禮進退。此禮之性也。指諫者信也。指者質也。質指其事而諫。此信之性也。陷諫者義也。惻隱發於中。直言國之害。勵志忘生。爲君不避喪身。此義之性也。此臣子所以致諫諍之禮也。皆孝經之微言大義也。五諫蓋因事之輕重而爲之。曾子云達善而不敢爭辨。此尤足明經所云當不義則爭之者。諫止君父之失。一出於愛敬之誠。而不敢稍涉於意氣。此經爭字與在醜不爭之爭異讀異義絕不相涉。彼爭勝之爭。在儕輩且不可。而況於君父乎。曰爭辨者作亂之所由興。可謂深得聖人立教之旨爲萬世臣子大爲之坊者矣。達善不敢爭辨。事親如此事君亦然。苟以至情至理懇誠規諫。自非桀紂之昏暴。當無不見聽。若稍近意氣之爭。則本意雖善。所言雖當。而或激之使變本加厲。其去孝經爭之使不失不陷之道遠矣。唐氏說。曾子所言皆幾諫之法式而諫而不用行之如繇已。尤宜出於自然古人云天下無不是之父母此語自有功名教不淺蓋家庭之間非計較是非之地自來拂逆父母者祇因見己是而親非不知爲人子而不能先意承志諭親於道而動輒與親相違縱令所據之理極是已屬不合而況所見之實謬乎總之一與親有計較是非之心則其人決非孝子矣曾子曰孝子惟巧變故父母安之巧變者非機械變詐之謂人子事親之心愈眞則愈巧赤子之良知發於笑啼動作者皆是也。良心不泯，斯能由至誠而巧變。此亦生於自然，非可有意而爲之也。案此說深得經旨。曾子所謂行之如繇己者，有彌縫變易之巧而無矯拂之迹，臣子之於君親，諫而不從，則引爲己之罪。故凱風成言孝子自責之志，而大夫去國不說人以無罪，諫而從則歸美於君親。故易曰：幹父之蠱，意承考也。記引書曰：此謀此猷，惟我君之德。曲禮曰：爲人臣之禮不顯諫，三諫而不聽則逃之。逃之者，自以無益於君，不敢虛縻爵祿也又曰子之事親也三諫而不聽則號泣而隨之號泣而隨之者若小兒之有求不得而啼以至誠感動之也夫然故諍之而有濟君父得以不失不陷猶士之爭友忠告善道則能使不離於令名也經傳言諫諍之道詳矣此章其提綱也○黃氏云君父皆聖明而亦有不義何也曰聖明之過不裁於義則亦有不義者矣裁而後顯之裁而後安之案臣子視君親皆聖明故凱風曰母氏聖善昌黎述文王之意曰天王聖明於其有不義視之

若日月之食焉，諍之如救天災也。易曰：王明並受其福。王之不明而曰王明，求其明而受福也。此聖人所以爲人倫之至也。○賀氏長齡曰：子不能成親，不得爲孝；臣不能成君，不得爲忠。君不能成天，則於君道有闕。萬古綱常所以爲天柱地維也。此章乃萬世法鑒，與對定公一言興邦之問同義。乃於論孝發之，遂及天子諸侯大夫士。凡敗國喪家亡身，皆由便於己之一念爲之。便於己者必不便於人，故禍患隨之。諫諍所以去其便己之私，臣之所以成其君子之所以成其父士之所以成其友扶綱常而維世道此聖人大作用故曰我志在春秋行在孝經春秋誅亂賊以罪臣子而君父之失自見是春秋乃萬世之爭臣爭子也聖人之憂天下後世至矣案此說甚有意理不善而莫之違則一言而喪邦故當不義則臣子不可以不爭孝子忠臣極愛敬之誠以救其君父之失則思患豫防絕惡未萌辯之早辯而亂賊之篡奪兵刑之覆亡無由至矣此孝經與春秋一貫之大義也義非學

不明。臣子欲安榮其君親，必先博學篤行，明善誠身，以順乎親而獲乎上，且通達古今治道，精義窮理，以權衡當世之務，方不至失言以誤家國。此又孝經與大學相成之要道也。○經爭字，各本多作争，而白虎通引經作諍，臣軌引經注皆作諍，釋文出注諍字，不出爭字，文多脱誤，前已辨之。竊意注當以章名諫諍，釋爭臣爭子之爭，而諍從爭聲，童蒙讀不能別，教授之師或於注旁添注非爭鬭也四字，寫者誤以入注，故釋文詳辨鬭字之形，或可注本有此語以曉童蒙。且當時漢室已衰。爭奪之臣接迹。故鄭特辨之。以此坊民。近世亂賊猶有誣借爭字以飾逆節者。豈知經所謂諫爭。務以安利其君親。忠孝之至也。彼乃敢肆行爭奪以危害其君親。此孝經所謂五刑之罪莫大。春秋所必誅之亂臣賊子也。亂賊侮聖言。故備論經義以息邪說。詳校誤文以爲寫古書不慎者戒。○爭臣七人。注據文王世子以爲三公四輔。確不可易。古者凡臣皆得諫。而七人特以老成人有盛德者充之。且官不必備惟其人。如周公太公召公爲三公。加史佚又爲四輔。并下兼師氏保氏之職。是也。皮氏謂後世達官皆得諫而特置諫官。亦此意。爭臣五人。簡氏以酒誥大史友內史友圻父農父宏父三卿當之。近是。使不危殆。與諸侯章高而不危注義相應。蓋釋不失其國之義。爭臣三人。經傳無成文可考。要不外室老士宗人之等耳。臣軌引注善只爲善惡只爲惡。謂善衹從而爲善。惡衹從而爲惡。不能諫諍以易其惡而爲善。臣軌之書。亦未免可疑。姑存之。○治要引注云。七八者。謂太師太保太傅左輔右弼前疑後丞。維持王者。使不危殆。又云。尊卑輔善。未聞其官。又云。令善也。士卑無臣。故以賢友助己。又云。委曲從父命。善亦從善。惡亦從惡。而心有隱。豈得爲孝乎。義皆無誤。惟使不危殆四字。似當屬諸侯二句下。士卑無臣。與禮注合。未條與臣軌引注大同。且似較勝。兩文不謀而合。或治要所引不盡僞。約而論之。如此章士卑無臣二句。廣至德章郊則君事天三句之等。雖謂眞鄭注可也。若聖治章釋君臣之義，及君親臨之兩注之等，則決非原文，學者擇焉可也。

感應章第十六

【釋曰】自廣揚名章以上，言慈愛恭敬安親揚名之道已備，更陳諫諍之事以盡其義，故此章遂櫽括首章以來之旨，言孝德感通，天人皆應，以極歎美之。易上經首乾坤，下經首咸，咸，感也。彖曰：「二氣感應以相與。天地感而萬物化生，聖人感人心而天下和平。」天地所以生萬物，聖人所以繼天立極，盡其性以盡人物之性致中和贊化育者。一感而已矣。故臨君子以教思无窮容保民无疆。初二皆曰咸臨。感之所以臨之也。感則無不應。先王以至德要道順天下。則民用和睦上下無怨。卽感應之義。全篇所言皆此理。而此章義尤明顯。故以名章。今本作應感。謂應其所感。不如鄭本於經文爲順。

子曰。昔者明王事父孝。故事天明。

盡津忍反。下同。孝於父。釋文推以尊天。祭帝於郊。以定天位。欽若奉時。審諦五精。順其氣化。二十四字補

箋云 春

秋繁露曰：事天與父同禮也。堯舜不擅和湯武不專殺篇。禮哀公問記曰：仁人之事親也如事天，事天如事親。鄭氏曰：事親事天，孝敬同也。孝經曰：事父孝，故事天明。

事母孝，故事地察。

盡釋文。孝於母，推以親地，祀社於國，以列地利，教民美報，分別五土。二十三字補。視其分，反。符問理也。釋文

箋云：禮鄭說，察猶著也。中庸注

長幼順，故上下治。釋文：長，丁丈反，注同。治，直吏反，注同。

長（釋文）幼有序，故上下無相奪倫而（十一字補）治（釋文）

天地明察，神明章矣（釋文：文章，如字，本又作彰。案今本作彰。）

箋云 周禮曰：天神降，地示出，可得而禮。易虞說章，顯也。（豐卦注）

故雖天子必有尊也，言有父也。

謂養老也。（禮記祭義疏）雖貴爲天子，必有所尊事若（原誤君。今依嚴校。）父者，謂三老也。（北堂書鈔原本八十八養老無謂字。祭義疏作父謂君老也。君當作三。今正。）箋云 春秋繁露曰：教以孝也，（爲人者天）

必有先也，言有兄也。

必有所推先若兄者。謂五更也。十二字補　**箋云**春秋繁露曰。教以弟也。同上　白虎通曰。王者父事三老。兄事五更者何。欲陳孝弟之德以示天下也。故雖天子必有尊也。言有父也。必有先也。言有兄也。鄉射

宗廟致敬。不忘親也。

箋云高誘引此經曰。四時祭祀。不忘親也。呂氏春秋孟秋紀注　案此合喪親章春秋祭祀二句而約舉之。其意則是。足正唐注之失。故引之。

脩身慎行。恐辱先也。

箋云祭義曰。父母既沒。慎行其身。不遺父母惡名。

宗廟致敬。鬼神著矣。

事生者易。事死者難。聖人慎之。故重其文也。疏無也字

釋文出事生者易故重其文也九字

孝弟之至。通於神明。光于四海。無所不通。弟。釋文作悌。據廣揚名章釋文。則此字本作弟。今據改。

若周公成文武之德。立孝十字補弟見廣揚名章釋文之極。

通於神明。則天無疾風暴雨。光于四海。十七字補則重譯來貢釋文明光上下。勤施四方。無所不通。十二字補

【釋】

【疏】此章總括全經論孝弟之義。而與三才以下三

孝經鄭氏注箋釋　卷三

章光相表裏天明地察通神明光四海蓋就郊祀
宗祀而極言之夫子言昔者明王事父盡孝故事
天能明事母盡孝故事地能察在家長幼順序故
在國上下理治惟孝故順孝而至於天地明察則
神明之道章矣天道遠人道邇神明章天地應則
順之而無不順可知矣蓋事天明者尊之至也事
地察者親之至也孝莫大於嚴父先意承志纘緒
成德凡父所爲子無不奉承而敬行之不敢不致
如父之意推此以事天則天之明以道民通神明

之德類萬物之情合天下愛敬之心以尊天窮元氣運行於穆不已之神而精意以享是謂事天明資於事父以事母而愛同樂其心不違其志樂其耳目安其寢處以其飲食忠養之推此以事地因地之利以利民養其欲給其求樹木以時伐禽獸以時殺致天下愛敬之力以親地辨厚德載物高下九則之理而美報其功是謂事地察易乾爲天爲父坤爲地爲母王者父天母地所以由事親而事天而祭天地以祖考配孝敬同也上下治者順

之至也。長幼天倫，上下天秩。一家之中，長惠幼順，則倫理正，恩義篤，羣居和壹。推此以治國，則小德役大德，小賢役大賢，士讓爲大夫，大夫讓爲卿，官職相序，君臣相正，天下相厲以禮，尊讓不爭，潔敬不慢，而犯上作亂之萌絶矣。堯典九族既睦，然後百姓昭明，百姓，謂百官族姓。黎民於變時雍，是上下治，此孝弟之感應也。但上下治，即長幼順之應，而事天明事地察，猶是明王孝德之感，故復申言神明章以著其應。且弟出於孝，詳言孝而弟義該矣。此事父事母之孝。蓋統王者爲世子時及卽位後奉養祭祀而言。長幼順。謂王者自敬順其諸父諸兄。如族食族燕。公與父兄齒之等是也。故雖天子必有尊也。四句。承孝與順而申言之。明王所以明察天地而治上下者。由孝與順。故雖天子之貴。必有所尊也。養老之禮。天子父事三老。以言有父也。天子繼世而立。不得事父矣。而特起養老之禮以明有父之義。此所以追養繼孝。必得萬國之歡心以事其先王。而創業之君或父在者則如舜之事瞽瞍以天下養也。必有所先也。天子兄事五更。以言有兄也。天子以正體繼世。無嫡長兄。而於養老明有兄之義。此所以皇矣之詩。追述泰伯之德先於王季也。養老之禮。教天下事父事兄。禮之大者。孝經古義皆以說此文。明皇以爲尊諸父先諸兄。蓋上文長幼順之義。貴老爲其近於父。敬長爲其近於兄。則諸父與尊者一體。諸兄同出於父祖而年長。其必尊之先之可知。詩行葦序曰。內睦九族。外尊事黃耉。養老乞言。以成其福祿。則理固一貫矣。上兼陳事父母之孝。言有父。則天子母在者自盡孝於母可知。故下文以親字總承之。宗廟致敬以下。承有父有兄而舉孝思以明感應。因極歎孝弟之至。自天子至士皆有宗廟。庶人祭於寢。而致敬則一。宗廟祭祀致其誠敬。事死如生。事亡如存。不忘親也。自天子至於庶人皆以脩身爲本。父母既沒。將爲善。思貽父母令名。必果。將爲不善。思貽父母羞辱。必不果。脩正其身。謹慎其行。惟恐辱其先人也。夫惟脩身慎行不辱其先。而後致敬於宗廟者爲眞能致敬。故孝子臨尸而不怍。祝史誠信於鬼神無愧辭。宗廟致敬。則合莫通微。祖考來格。鬼神之道著矣。人神曰鬼。上言神明章。天地之應也。此言鬼神著。祖考之應也。皆孝德之所感。至孝者必至弟。孝弟之至。精誠通於神明。所以能嚴父配天。德教光於四海。故萬國各以其職來祭。博愛廣敬。彌綸周浹。無所不通。蓋聖人之爲孝也。必使天下盡被其愛敬。而後孝德乃大。必使萬世永被其愛敬。而後孝德乃久。王者父天母地。孝於父母者。以

身存父母之神。大孝尊親。博施備物。必合萬國之
歡心以事其先王。使神罔時怨。神罔時恫。而後孝
思乃盡。孝於天地者。以身立天地之心。必使天之
所生地之所養各得其所。升中於天。足以顯神明
昭至德。自天祐之吉无不利。而後孝道乃備。故曰
郊社之禮所以事上帝也。宗廟之禮。所以祀乎其
先也。明乎郊社之禮禘嘗之義。治國其如示諸掌
乎。夫天道遠。人道邇。行遠自邇。守約施博。德極於
神明彰。而不外事父母之孝。化極於上下治。而不

外長幼之順信乎夫孝天之經也地之義也人人親其親長其長而天下平堯舜之道孝弟而已矣明天察地孝德所推宗廟致敬孝思之至而繼以孝弟並言者孝則必弟合而成體且周公成文武之德宗祀明堂初既以文王配帝繼即祖文王而宗武王率天下諸侯而見文武之尸則孝弟並立其極此章所言蓋即指周公之事與聖治章義相足孔子潛心文王夢見周公學禮從周如有用我其爲東周蓋欲以此道順天下也春秋經世先王

之志孝經其大本乎。○黃氏云。凡爲明王。父天母地。宗功祖德。因郊祀以致敬於祖禰。祀天以祖考配。因禘嘗以致愛於邦族。愛其所親。由孝而弟。即長幼順之義。此邦族猶言公族。因祖禰以敬人之父老。因邦族以愛人之子弟。博愛廣敬。長幼順而上下由此治。因天下之父老子弟以自愛敬其身。身者。天地鬼神之知能也。天地鬼神有天子之身以效其知能。而後禮樂有以作。位育有以致。案此論孝道貫徹天人之理。此章精義。見易禮記者。取之可左右逢原。後世惟張子西銘最得其意。○又案鬼神之說，儒釋各家互爭。惟聖人之言中正無弊，得乎人心之所同安。禮記曰：氣也者，神之盛也；魄也者，鬼之盛也。合鬼與神，教之至也。衆生必死，死必歸土，此之爲鬼。骨肉斃於下，陰爲野土；其氣發揚於上，爲昭明，焄蒿悽愴，此百物之精也，神之著也。聖人之言鬼神也如是。孝經曰：事父孝，故事天明；事母孝，故事地察。天地明察，神明彰矣。宗廟致敬，鬼神著矣。又曰：春秋祭祀，以時思之。禮記曰：惟聖人爲能饗帝，孝子爲能饗親。饗者，鄉也。鄉之

然後能饗也聖人之事鬼神也如是論語曰未能
事人焉能事鬼傳曰聖王先成民而後致力於神
又曰國將興聽於民將亡聽於神神聰明正直而
壹者也依人而行聖人之務民義而不瀆鬼神也
如是蓋氣也者神之盛天有日月星辰地有山川
邱陵皆積氣成形則必有神以宰之形神合則爲
人形神離則爲鬼魂氣歸天而祖考與子孫喘息
呼吸精氣相通苟有子孫則其神必憑依之而不
遽散其先有功德後世賴其功思其人者其神亦

必依之而常存。故天有神。地有祇。人有鬼。雖視之不見。聽之不聞。而其理固平易可得而質言也。神與人異道。聖人之爲祭祀也。非曰神嗜飲食也。以爲萬物本天。人本乎祖。報本反始。時思追養。通其精誠於神明。因以教天下順天事親以立愛敬之本也。神與人異職。聖人之言禍福也。曰神福仁而禍淫。曰求福不回。曰自求多福。禍福無不自己求之者。仁則榮。不仁則辱。國家明其政刑。則莫敢侮之。般樂怠敖。則自求禍。故聽於民者必興。聽於神者必亡。又曰賢者之祭必受其福非世所謂福也。
福者備也。備者百順之名也。無所不順之謂備。彼
諂瀆鬼神以求福者。其流入於左道亂政。蔑視鬼
神爲無知者。其流至於悖逆不順。二者相反相因。
蓋瀆鬼神者。其心徒爲徼福求利。本不知有天人
之理。本不出於敬天愛親之誠。其畏父兄也。不若
其畏鬼神。其信聖經也。不若其信釋氏。故邪說左
道易以惑。而一反之則敢於慢天。忍於忘親。犯上
作亂相因而至矣。苟知孝經之教則安有溺於虚

無以誤家國。悖於倫理。以陷逆亂之患哉。○治要
引注云。盡孝於父則事天明。盡孝於母能事地察。
其高下視其分察（察字誤。嚴改理。）也。義淺。文又不完。又云。
卑事於尊。幼事於長。故上下治。不誤。又云。事天能
明。事地能察。德合天地。可謂彰也。說神明章未當。
又云。雖貴爲天子。必有所尊。事之若父者。三老是
也。必有所先。事之若兄。五更是也。義不誤。兄下脫
者字。又云。設宗廟。四時齊戒以祭之。不忘其親。修
身者。不敢毀傷。慎行者。不歷危殆。常恐其辱先也。

亦不誤。事生者易四句同疏引。又云。孝至於天。則風雨時。孝至於地。則萬物成。孝至於人。則重譯來貢。故無所不通也。亦無誤。

詩云。自西自東。自南自北。無思不服。

義取德教流行。莫不被義從化也。注疏釋唐注作服。今從釋文。釋文出莫不被三字【箋云】詩鄭說。自。由也。武王於鎬京行辟廱之禮。自四方來觀者皆感化其德。心無不歸服者。【釋曰】詩。大雅文王有聲之篇。引以證光於四海無所不通之義。天心即人心。四海無思不服。則通於神明可知矣。孔氏云：辟廱之禮，謂養老以教孝悌也。案此經所引，正詩之本意。周公治定功成，制禮作樂，此詩兼述文武之功德，所謂孝弟之至。曾子言孝塞乎天地，横乎四海，亦引此詩。本夫子之訓。○治要引注作孝道流行，莫敢不服，與唐注釋文皆不合。

事君章第十七

釋曰：上章極歎孝弟之至，而孝經大義，以孝道維持君臣，使天子至於庶人各保其祖父所傳之天下國家身體髮膚則天下世世太平。災害不生。禍亂不作。君臣之道立。而天下人人永保其父子。故孝道於五倫無所不周。而君臣之義與父子尤始終相維。忠孝同理。聖人所以愛敬天下之本。故於篇將終極贊孝德之後。特出事君專章。以申首章孝中於事君之義。士章言資父事母資父事君。廣要道以下三章歷言敬父敬兄敬君。故前章言事父孝事母孝。言必有父必有兄。而此以事君繼之。又諫諍章言諍臣諍子。此章承子道既備而特說臣道皆其相次之理。子曰。吾志在春秋。行在孝經。
孝經發事君章。而春秋之大義著矣。

子曰。君子之事上也。

上陳諫諍釋文。爭鬭之爭。案爭上脫非字。陸氏蓋特辨之。不料後人亂之至此。之
義畢。欲見釋文臣道之全。故發此章。補八字箋云易鄭
說。上謂君也。小過注

進思盡忠。

公家之利。知無不爲。正色立朝。十二字補死君之難爲
盡忠。文選曹子建三良詩注釋文出死君之難四字箋云韋氏曰。進見

於君。則思盡忠節。注疏

退思補過。

雖在畎畝。猶不忘君。自咎效忠有所未盡。故思補過。二十字補 箋云 韋氏曰。退歸私室。則思補其身過。疏

舊注同

將順其美。

善則稱君。臣軌公正章注 箋云 詩鄭說。將。猶扶助也。樛木箋

匡救其惡。

過則稱己。同上 箋云 論語馬氏說。救。猶止也。八佾集解鄭

氏詩譜序曰。論功頌德。所以將順其美。刺過譏失。所以匡救其惡。

故上下能相親也。

箋云易泰彖傳曰。上下交而其志同也。釋曰此章明移孝作忠。以忠成孝之義。夫子言君子之爲人臣。下而事上也。進而在朝。思盡其忠誠。常則竭力盡能。以立功於國。變則見危授命。有死無二。退而在野。思補其身過。不以爲君無知人之明。而自咎所以效忠者有未至。惓惓之誠。必求所以致君濟國之方。以圖異日之仰報。君有美善。扶助而奉行之。使善日以長。君有過惡。匡正而救止之。使過無由遂。夫然故上下以至誠感孚。而能相親如腹心手足也。君子之所以事上者如此。蓋父子之道。天性也。君臣之義也。以孝事君則忠。故孝子之事君也。如事親至誠惻怛。善惡吉凶視爲切身。公家之利。知無不爲。密勿從事。自知不足。其陳善納誨。一以悱惻忠厚出之。其愛國也至。故其謀國也審。其愛君也誠。故其告君也明。因勢利導。先事豫防。萬不忍以唯諾誤人家國。亦不忍以毫末意氣激成朋黨釀成事變。殺身非痛。負國爲痛。深思熟計。必求有濟。故事君之敬。皆出於愛。上下相親。則君臣同慶。夫子此章。立萬世人臣之極。其言婉篤誠懇。本孝而出。後世大臣惟諸葛武侯陸宣公諸人近之。學而入政移孝作忠者所當深長思也。黄氏云。生我者父。父有過。諫之。諫之不聽。而號泣以隨之。至於君則曰非獨吾君也。是愛敬其君不若其父之至也。且以父爲得罪於州里鄉黨。不憚勞身以成父之名。至於君而獨不然者。盍使君取咎於天下萬世。不欲當吾身失其祿位。則是以身之祿位重於君之社稷。君臣上下亦泮乎如道路人之不相親而已。此後世持祿保位之臣。不忠之尤。與孝經之義以忠順保祿位者相反。親之莫若以忠與上。盡忠事上。以過自與。過則歸己。以美救惡。引君之美以除其惡。以惡匡美。易君之惡以全其美。是仲尼所以取諷也。又云。愛資母者也。敬資父者也。敬則不敢諫。愛則不敢不諫。愛敬相摩而忠言迸出矣。忠者孝之推也。孝者天地之經義物之所以生成。忠者孝之中務也以孝作忠其忠不窮案事君之敬資於事父則敬之至卽愛之至也故孔子論諫取諷而此章論事君曰上下相親下引詩心乎愛矣之文忠者孝之中務所謂中於事君也以孝作忠其忠不窮所謂本立而道生也愛敬相摩忠言迸出此黄氏自道忠孝之誠○注云死君之難爲盡忠此上有闕文故取左傳荀息語公羊說孔父之事以補之論語云事君能致其身死難尤忠之大者自此義不明而反顔事讎行同狗彘者比比矣韋氏以

進爲進見退爲退朝與鄭聖治章注異而謂補其身過則同元氏引國語夜而計過證韋說鄭以善則稱君釋將順其美竭力贊襄一歸美於君也以過則稱己釋匡救其惡君有過舉臣自以爲不能格心匡德之罪也故思補過○治要引注云君臣同心故能相親義無誤

詩云心乎愛矣遐不謂矣中心藏之何日忘之

箋云禮表記曰事君欲諫不欲陳引詩遐作瑕鄭氏曰瑕之言胡也謂猶告也詩箋曰遐遠謂勤也

藏詩鄭本或作臧曰善也【釋曰】詩小雅隰桑之篇上文所言皆愛君之意故引此詩以證之與表記義同言心乎愛君何有不盡忠以告此忠愛之意中心藏之非可陳之於外無進無退惓惓不忘也瑕遐皆胡之借胡猶何也詩箋以遐爲正字訓遠謂訓勤不謂謂也言雖遠在野猶殷勤於君藏後出字本作臧訓懷訓善字同詩箋訓臧爲善謂中心好君也據毛詩序則此及記引詩皆斷章取義要其深愛殷勤之意則同○檀弓云事君有犯而

無隱表記云事君欲諫不欲陳義似相反而實相成蓋有犯無隱者事君之義欲諫不欲陳者愛君之心也欲諫不欲陳則其犯顏非不遜而其無隱也非訕上以爲己名矣晏子叔向論齊晉公室之失政乃無可如何而相與歎息痛恨非有意彰君之過也或疑孔子謂魯昭公知禮而言衛靈公無道孟子稱齊宣王猶足用爲善而言梁惠王不仁蓋孔子之於魯孟子之於齊臣也故爲尊者諱雖去而有餘望其於衛於梁應聘而未用客也故不

在其國，則從春秋褒貶諸侯之正論，事是非之公。昔人云：仲尼之徒，皆忠於魯國，蓋皆體夫子愛君之心也。

喪親章第十八

釋曰：上言事親之道，雖兼生養喪祭，而主於事生。然事生者易，事死者難。人子不幸而遭親喪，如天崩地坼，創鉅痛深，所以自盡其心力者，一而不可復得，惟送死可以當大事，故特發喪親章以終篇。七十子之徒述夫子微言爲禮記，論喪禮最多。其語絕沈痛。皆此章之義。

子曰。孝子之喪親也。

生事已畢。死事未見。故發此章。注疏章今本或誤作事。石臺本岳本作章。與疏合。釋文出死事未見四字。【箋云】白虎通曰。喪者亡也。人死謂之喪。言其喪亡不可復得見也。不直言死稱喪者何。爲孝子之心不忍言也。生者哀痛之亦稱喪。孝經曰。孝子之喪親也。天子下至庶人俱言喪何。欲言身體髮膚俱受之父母。其痛一也。崩薨

哭不偯。釋文。於豈反。俗作哀。非。

氣竭而息。聲不委曲。注疏箋云間傳曰。斬衰之哭。若往而不反。齊衰之哭。若往而反。大功之哭。三曲而偯。鄭氏曰。偯。聲餘從容也。雜記曾申問於曾子曰。哭父母有常聲乎。曰。中路嬰兒失其母焉。何常聲之有。鄭氏曰。言其若小兒亡母啼號。安得常聲乎。所謂哭不偯。偯說文作㥋。曰。痛聲也。聲下或當有餘從容三字。方與依聲及引孝經義合。今本脫之。从心依聲。孝經曰。哭不㥋。

禮無容。言不文。

禮無容。觸地無容。言不文。不爲文飾。北堂書鈔九十三居喪案此陳禹謨本。或疑此誤以唐注爲鄭注。然父母於義不誤。或元疏偶未注明。今從嚴氏存之。父母之喪。不爲趨翔。唯而不對也。北堂書鈔原本九十三。釋文有下九字，嚴本節父母之喪四字。箋云問喪曰。稽顙觸地無容。哀之至也。喪服四制曰。三年之喪。君不言。然而曰言不文者。謂臣下也。鄭氏曰。言不文者。謂喪事辨所當共也。孝經說曰。言不文者。指士民也。

服美不安。

去文繡。衣衰服也。釋文 箋云問喪曰。夫悲哀在中。故形變於外也。痛疾在心。故口不甘味。身不安美也。

聞樂不樂。

悲哀在心。故不樂也。注疏 釋文出故不樂也四字

食旨不甘。

不嘗鹹酸而食粥。釋文

此哀慼之情也。釋文慼。七歷反。案慼即說文慽字之變。今本多作戚。假借字。

箋二六 檀弓曰。喪禮。哀戚之至也。

三日而食。教民無以死傷生。毀不滅性。此聖人之政也。

毀瘠羸瘦。孝子有之。文選謝希逸宋孝武宣貴妃誄注 釋文出毀瘠羸瘦四

字【箋】云問喪曰親始死，雞斯徒跣，扱上衽，交手哭，惻怛之心，痛疾之意，傷腎乾肝焦肺，水漿不入口，三日不舉火，故鄰里爲之糜粥以飲食之。檀弓曰：節哀順變也，君子念始之者也。鄭氏曰：始猶生也，念父母生已，不欲傷其性。

喪不過三年，示民有終也。

三年之喪，天下達禮，（注疏）不肖者企而及之，賢者俯而就之。（釋文）禮記曰（三字補）再期之喪三年也。（五字補）

【箋】云禮三年問曰：創鉅者其日久，痛甚者其愈遲。

三年者稱情而立文，所以爲至痛極也。斬衰苴杖居倚廬食粥寢苫枕塊，所以爲至痛飾也。三年之喪，二十五月而畢，哀痛未盡，思慕未忘，然而服以是斷之者，豈不送死有已，復生有節也哉。凡生天地之間者，有血氣之屬必有知，有知之屬莫不知愛其類。今是大鳥獸，則失喪其羣匹，越月踰時焉，則必反巡過其故鄉，翔回焉，鳴號焉，躑躅焉，踟蹰焉，然後乃能去之。小者至於燕雀，猶有啁噍之頃焉，然後乃能去之。故有血氣之屬者，莫知於人，故人於其親也，至死不窮。將由夫患邪淫之人與，則彼朝死而夕忘之，然而從之，則是曾鳥獸之不若也。夫焉能相與羣居而不亂乎。將由夫修飾之君子與，則三年之喪，二十五月而畢，若駟之過隙，然而遂之，則是無窮也。故先王焉爲之立中制節，壹使足以成文理，則釋之矣。然則何以至期也。曰：至親以期斷。是何也。曰：天地則已易矣，四時則已變矣，其在天地之中者，莫不更始焉，以是象之也。然則何以三年也。曰：加隆焉爾也。焉使倍之，故再期也。三年之喪，百王之所同，古今之所壹也。孔子曰：子生三年，然後免於父母之懷。夫三年之喪，天下之達喪也。喪服四制曰：三日而食，毀不滅性，不以死傷生也。喪不過三年，告民有終也，以節制者也。士虞禮記曰：朞而小祥，又朞而大祥，中月而禫。鄭氏曰：中，猶間也。自喪至此，凡二十七月。檀弓曰：是月禫，徙月樂。禮記說喪服喪禮精義，皆此章微言，其引經文，真孔門相傳古義，今引爲箋。

釋曰：此章說孝子之喪親，爲喪禮提綱，凡三節。首節言孝子居喪之禮，次節言奉喪之禮，末節深重歎息而結言之并以結全經之義說文喪亡也从哭从亡會意亡亦聲喪親者親亡而哀痛之之謂夫子言孝子之喪親也惻怛之心痛疾之意若欲從之者然其哭往而不反氣竭而止無委曲餘聲其行禮也拜賓則以頭觸地行如匍匐無趨翔之容其言非喪事不言質直而不文飾其視平常所服之美飾則怵惕不安倚廬堊室之中不欲聞八聲如聞樂聲則悽愴感觸益增其哀而不樂其於平常所食之美物則感念親不復食嗚咽哽塞

不知其甘此哀慼自然之情也由其哀慼之情親既没矣何以生爲故自始死至殯孝子勺飲不入口三日然三日之後禮必使之食粥教民無以死而傷生雖毁瘠羸瘦而不滅其性蓋生必有死人道之常無如何者而子與父母一體子之身存即親之心存父母生子欲其生惟恐其傷故不敢毁傷爲孝之始此天性也毁而傷生是滅其性親死而更傷其心矣故三日而强之食使無傷生滅性此聖人達於天道人道之政也由其哀慼之情親

無再生之日。則喪無可終之時。然聖人制禮服喪不過三年。示民送死復生有終極之時。事君立身。孝道所以不匱者猶有在也。此節言孝子居喪之禮。其詳具於禮記。哭不偯者。偯說文引孝經古文作㥋。从心依聲。今文及禮記作偯。隸變从口依聲。阮氏福云。偯㥋皆從依生義。依有抑揚委曲之義。故說文云。依倚也。禮記間傳三曲而偯。又雜記童子哭不偯。言童子遂聲直哭。不能知哭之當偯不當偯。故哭不偯與此經同。又曾子曰。中路嬰兒失其母何常聲之有。鄭注所謂哭不偯以此知孝子之哭親悲痛急切。如童子嬰兒之哭不作委曲之聲。曾子之言。即孝經之義。唐氏云。喪大記始卒。主人啼。兄弟哭。鄭君注。若中路嬰兒失母。能勿啼乎。蓋啼者。哀痛嗚咽之至。哭不成聲也。又人痛極則號。啼與長號。皆所謂哭不偯。讀曾子中路嬰兒失其母一語。痛心如刺。嗚呼。人子至此。尚忍言乎。禮無容者。檀弓曰。拜稽顙。哀戚之至隱也。稽顙隱之甚也。注云。隱。痛也。稽顙者。觸地無容。蓋悲哀在心。

形變於外。孝子遭喪。哀痛迫切。賓來弔之。感激增慟。故叩顙觸地以謝之。哀之至也。又鄭禮注云。容謂趨翔。曲禮曰。父母有疾。行不翔。況匍匐攀號之際而有趨翔乎。言不文者。檀弓曰。愠。哀之變也。孝子之心悲悶愠恚。至痛內結。不欲與人言。其有喪事不得不言者。則質直言之。無文飾。雜記曰。三年之喪。言而不語。對而不問。喪服四制曰。禮。斬衰之喪。唯而不對。注云。此謂與賓客也。侑者爲之應耳。皆其義。唯者。荅其意。不對。嗚咽不能言也。服美不安三句。言孝子痛疾在心。求死不得。無纖毫生人之趣。其於安體悅耳悅口之具。皆痛念親之不復服不復聞不復食。觸物增哀。不知其可欲。如人厲疾危急痛苦無聊之際。設有美服好音嘉殽在前。適生厭惡。論語曰。夫君子之居喪。食旨不甘。聞樂不樂。居處不安。故不爲也。問喪曰。成壙而歸。不敢入處室。居於倚廬。哀親之在外也。寢苦枕塊。哀親之在土也。親在外在土。人子何以爲心。而忍服美聞樂食旨乎。惟服美不安。故初喪二日去笄纚而括髮。三日既殯，服齊斬之服。檀弓曰：袒括髮，變也。去飾，去美也。袒括髮，去飾之甚也。雜記曰：三年之喪如斬，故其服稱斬衰。閒傳曰：斬衰何以服苴？苴，惡貌也，所以首其內而見諸外也。斬衰貌若苴，齊衰貌若枲。衰之言摧也。經之言實也。明孝子有哀摧忠實之心也。惟闇樂不樂，故大祥之日始鼓素琴。而孔子既祥五日彈琴而猶不成聲也。惟食旨不甘，故初喪三日始食粥，朝一溢米，夕一溢米，既虞疏食水飲，既練始食菜果也。禮者，人情而已矣。

不服美不聞樂不食旨者其禮也。不安不樂不甘者其情也。元疏述韋氏義引書云。成王既崩。康王冕服即位。既事畢。反喪服。據此則天子諸侯俱定位初喪是皆服美。故宜不安。此非常之事。當何如惻怛震動。又曲禮云。有疾則飲酒食肉。是爲食旨。故宜不甘。此亦必不得已而然。皆非孝子之本情也。士喪禮曰。三日成服杖。鄭注云。既殯之明日。始歠粥矣。檀弓曰。歠主人主婦室老。爲其病也。君命食之也。教民無以死傷生。勸强之辭也。喪不過三年。不足之辭也。喪服四制曰：始死三日不怠，三月不解，期悲哀，三年憂，此喪之所以三年。賢者不得過，不肖者不得不及，此喪之中庸也。古者喪期無數，聖人制禮，法天地四時自然之節。至親以期斷。父子首足，夫妻牉合，昆弟四體，是爲至親，服之本意皆期。然父母生我，恩至深，痛至甚，故加隆而倍之，至二十五月而畢。入三年之限，又以孝子哀痛未盡，思慕未忘，更閒一月，至二十七月而禫，始除服即吉。是月禫，徙月乃正作樂。父母之喪皆三年。

父在爲母雖期，必心喪三年。此外母服或有降屈，及爲人後者爲其父母期，心喪皆必三年。蓋衰麻哭泣，喪之文也；不飲酒，不食肉，不處内，哀之實也。子生三年，然後免於父母之懷，此君子所以不忍乎親而喪必三年，猶以先王制禮而弗敢過也。黄氏云：子曰，喪與其易也寧戚，易則文也，戚則質也。天下之文不能勝質者，獨喪也。聖人以孝教天下，本於人所自致而致之，冬温而夏凊，昏定而晨省，出必告，反必面，告面二字原倒，今正。聽無聲，視無形，不登高，

不臨深。不苟訾。不苟笑。不服闇。不登危。此非有物
力致飾於生也。擗踊號泣。啜水枕塊。苴杖居廬。哀
至則哭。升降不繇阼階。出入不當門隧。默而不唯。
唯而不對。對而不問。此非有物力致飾於死也。凡
若是者。性也。性者。教之所自出也。因性立教。而後
道德仁義從此出也。夫談道德仁義於孝子之前
者。抑末矣。故以喪禮立教。猶萬物之反首於霜雪
也。帝王禮樂之所著根也。案曾子聞之夫子曰。人
未有自致者也。必也親喪乎。曾子讀喪禮。泣下沾

襟。經解曰。喪祭之禮。所以明臣子之恩也。盛德記曰。凡不孝生於不仁愛也。不仁愛生於喪祭之禮不明。喪祭之禮。所以教仁愛也。致愛故能致喪祭。春秋祭祀之不絶。致思慕之心也。夫祭祀。致饋養之道也。死且思慕饋養。況於生而存乎。故曰喪祭之禮明。則民孝矣。故有不孝之獄。則飾喪祭之禮也。曾子曰。人之生也。百歲之中。有疾病焉。有老幼焉。故君子思其不可復者而先施焉。親戚既沒。雖欲孝。誰爲孝。年既耆艾。雖欲弟。誰爲弟。故孝有不

及弟。有不時。其此之謂與。故喪禮者。聖人爲中道
失母之嬰兒立中制節。而卽爲朝露未晞暫依膝
下者動喜懼愛日之誠。讀孝經喪親章禮喪祭諸
篇而不動心者。必無此人。後世廢棄不讀。是以人
心日薄。孝道日衰。而犯上作亂之禍易起。喪服·四
制曰。高宗卽位而慈良於喪。當此之時。殷衰而復
興。禮廢而復起。春秋傳說魯昭公居喪而不哀。在
戚而有嘉容。君子是以知其不能終。天下國家之
治亂。有不根於本原之厚薄者哉。

爲之棺槨衣衾而舉之。槨，後出字，今本作椁，正字。

周尸爲棺，周棺爲椁。注疏。衾謂單被。此字依疏增。可以亢

尸而起也。釋文。箋云：子思曰：喪三日而殯，凡附於身

者，必誠必信，勿之有悔焉耳矣。三月而葬，凡附於

棺者，必誠必信，勿之有悔焉耳矣。

陳其簠簋而哀慼之。

簠簋，祭器。簠內圓外方。五字見周禮舍人疏。彼疏稱孝經注云：內圓外方，受

斗二升者，直據簠而言。舐人疏亦引注內圓外方

之文。案內圓外方專據簠，受斗二升兼簋言之。

受一斗二升，方曰簠，圓曰簋，盛黍稷稻粱器。陳奠

素器而不見親，故哀之也。陳本北堂書鈔八十九此注周禮疏與書鈔所引頗齟齬，今悉心推校，姑合之如此。或疑陳本多誤，以唐注爲鄭注，說見前。書鈔原本殘闕，有內圓外方曰簠六字。簠或簋之誤。【箋】云：檀弓曰：奠以素器，以生者有哀素之心也。

擗踊哭泣，哀以送之，

啼號竭情也。釋文【箋】云：檀弓曰：辟踊，哀之至也。問喪曰：三日而斂，在牀曰尸，在棺曰柩，動尸舉柩，哭踊無數，惻怛之心，痛疾之意，悲哀志懣氣盛，故袒而踊之，所以動體安心下氣也。婦人不宜袒，故發胸擊心爵踊，殷殷田田，如壞牆然，悲哀痛疾之至也。故曰辟踊哭泣，哀以送之。送形而往，迎精而反也。其往送也，望望然，汲汲然，如有追而弗及也。其反哭也，皇皇然若有求而弗得也。故其往送也如慕，其反也如疑，求而無所得之也。入門而弗見也，上堂又弗見也，入室又弗見也，亡矣喪矣，不可復見已矣。故哭泣辟踊，盡哀而止矣。

卜其宅兆，而安厝之。

宅，葬地。兆，吉兆也。葬事大，故卜之，慎之至也。北堂書鈔原本九十二葬注疏引葬事大故卜之二句。陳本書鈔作宅墓穴也兆塋域也云云。全同唐注。與周禮小宗伯疏引此注以兆爲龜兆不合。恐誤。【箋】士喪禮曰。筮宅冢人營之。鄭氏曰。宅葬居也。兆域也。所營之處。孝經曰。

卜其宅兆而安厝之。

爲之宗廟以鬼享之。

宗尊也。廟貌也。親雖亡沒。事之若生。爲立宮室。四時祭之。若見鬼神之容貌。詩清廟疏　元疏引舊解云。宗尊也。廟貌也。言祭宗廟見先祖之尊貌也。與鄭大同。【箋】問喪曰。心悵焉愴焉惚焉愾焉。心絕志悲而已矣。祭之宗廟。以鬼享之。徼幸復反也。

春秋祭祀，以時思之。

四時變易，物有成熟，將欲食之，先薦先祖，念之若生，不忘親也。北堂書鈔八十八祭禮　御覽五百二十五　【箋云】祭義曰：霜露既降，君子履之，必有悽愴之心，非其寒之謂也。春雨露既濡，君子履之，必有怵惕之心，如將見之。易損二簋應有時，虞氏曰：謂春秋祭祀以時思之。孝經虞注盡亡，易注有引孝經數事，采之以存費學。【釋曰】上言孝子居喪之禮，其奉喪也，爲之棺槨衣衾而舉尸以斂，舉柩以葬。以安體魄也。陳其簠簋祭器，朝夕、朔月、薦新，奠而哀慼呼號之，以事精神也。其斂其葬，擗踊哭泣，盡哀以送之。將葬，先卜其宅兆，得吉而後安厝之，所以奉體魄者，必誠必信，勿之有悔焉。既葬，迎精而反，爲三虞以安之，卒哭而祔於祖，終喪而遷於禰廟，爲之宗廟，以鬼禮享之，自是春秋祭祀，終身以時思之，所以事精神者，僾見愾聞，追慕無窮也。棺槨所以殯葬，白虎通喪服篇曰：所以有棺槨何？以掩藏形惡也，不欲令孝子見其毀壞也。棺之爲言完。所以藏尸令完全也。槨之爲言廓。所以開廓閾土令無迫棺也。士喪禮曰：「棺入，主人不哭，升棺用軸，蓋在下。」又曰：「主人奉尸斂於棺，踊如初，乃蓋。」注云：「棺在肂中，斂尸焉，所謂殯也。」棺之制，據檀弓「天子四重，諸公三重，諸侯再重，大夫一重，士不重」。喪禮又曰：「既井槨，主人西面拜工，左還槨，反位，哭。」注云：「匠人爲槨，刊治其材，以井構於殯門外也。」案既哭之，則往施之壙中，俟葬而納棺於其中。槨之制，據檀弓及喪大記「天子柏槨，諸侯松，大夫柏，士雜木。孟子曰。蓋上世嘗有不葬其親者。其親死。則舉而委之於壑。他日過之。狐狸食之。蠅蚋姑嘬之。其顙有泚。睨而不視。夫泚也。非爲人泚。中心達於面目。蓋歸反虆梩而掩之。掩之誠是也。則孝子仁人之掩其親。亦必有道矣。易曰。古之葬者。厚衣之以薪。葬之中野。後世聖人易之以棺椁。檀弓曰。有虞氏瓦棺。夏后氏堲周。殷人棺椁。周人牆置翣。蓋孝子所以安固其親之形體者。因時加詳以盡其心焉。注云周尸爲棺。周棺爲椁者。檀弓云。葬也

者藏也藏也者欲人之弗得見也是故衣足以飾
身棺周於衣椁周於棺土周於椁是其義衣衾所
以襲斂元氏云從初死至大斂凡三度加衣一是
襲謂沐尸竟著衣天子十二稱公九稱諸侯七稱
大夫五稱士三稱二是小斂天子至士皆十九稱
三是大斂天子百二十稱公九十稱諸侯七十稱
大夫五十稱士三十稱案士喪禮小斂章曰陳衣
于房南領西上絞橫三縮一緇衾又曰商祝布絞
衾散衣祭服大斂章曰絞紟衾二又曰商祝布絞

紟。衾。衣。注云。紟。單被也。蓋小斂先布絞。次衾。次衣。旣衣尸。以衾裹之。以絞結之。大斂先布絞。次紟。次一衾以薦。次衣。旣衣尸。又以一衾覆之。而以紟合裹之。乃以絞結之。斂衣多。必裹之以衾。又裹之以紟。而結以絞。然後妥帖。可舉尸而起。衾。被也。紟。單被也。經以衾包紟。故注指紟言之。亢。舉也。旣施衣衾。舉尸而入棺。及葬。舉柩而入槨。唐氏云。嗚呼。人子而忍舉其親乎。疾病而扶持之。愁慘之至矣。至此而舉之。尚忍言乎。禮記子思曰。喪三日而殯。凡

附於身者必誠必信勿之有悔焉耳矣誠信者盡
我之心思竭我之財力曾子所謂自致孟子所謂
當大事是也親死則無再生之期亦更無再死之
期嗚呼當斯時也敬之慎之陳其簠簋謂朝夕哭
及朔月薦新奠士喪禮朔月薦新有敦敦瓦簋也
大夫以上月半又殷奠或更有簠經舉簠簋以包
籩豆等唐氏云嗚呼人子而至於哀慼其親乎生
而視膳未必盡心至此雖欲再進一勺水而不可
得已人子之哀慼當何如簠簋者非吾親所用之

器也。變飲食而爲祭，變桮棬而爲簠簋。生前景象，逐日更移。人子之哀慼當何如。案大斂之後，親之形體藏矣。朝夕哭，呼號而不見其來也。奠而不見其饗也。朝奠日出，夕奠逮日。庶幾其隨陽氣而反也。朔月奠則日以遠矣，薦新奠則慼彌深矣。既奠於殯宮，又饋於下室，孝子不忍一日廢其事親之禮。然何益哉，哀慼而已矣。注釋簠簋，諸書所引不同。如今所集合，則簠內圓外方，句專說簠，受一斗二升，句仍兼簋言之。竊疑賈所見注已有脫文，而書鈔原本又闕且誤。當讀正云簠簋。祭器。受一斗二升。內圓外方曰簠。內方外圓曰簋。盛黍稷稻粱器。義乃明備。擗拊心也。踊跳躍也。哀極則拊心跳躍。且恐其鬱悶昏暈。故屢使之袒而踊竭其哀以散其氣也。泣聲盡而嗚咽流涕不已。所謂泣血也。哀以送之兼小斂大斂殯時而主於送葬也。士喪禮小斂主人馮尸。踊無筭。男女奉尸侇于堂。踊無筭。大斂士舉遷尸。主人踊無筭。主人奉尸斂于棺。踊如初。既夕禮啓殯。踊無筭。遷于祖正柩設奠。主八踊無筭。自是至葬。哭泣之哀。擗踊之多。與初喪同。檀弓曰。喪之朝也。順死者之孝心也。其哀離其室也。故至於祖考之廟而后行。雜記曾子說遣奠苞牲之義曰。大饗有司卷三牲之俎歸於賓館。父母而賓客之。所以爲哀也。此情此境。思之猶心惕不已。況當其時。能無啼號竭情乎。唐氏說嗚呼。人子而忍送其親乎。禮。遷柩朝祖。以後將行之奠謂之祖奠。所謂父母而賓客之。人子當親之歿。宜呼天而痛絶矣。然猶依乎父母之形體也。至此則并生我鞠我拊我之形體而去矣永不能相依矣故予讀祖奠二字且念祖奠之情每不覺泣下之霑襟也案祖奠行始也至大遣奠則竟送親以行矣既夕禮曰乃窆主人哭踊無筭贈用製幣拜稽顙踊如初嗚呼人子而竟用幣以送其親乎哀莫哀於此矣宅兆此注以爲龜兆蓋如石祁子兆之兆謂葬地之得吉兆者周禮小宗伯卜葬兆注訓兆爲墓塋域士喪禮注亦訓兆爲域引孝經爲證義得兩通但經宅兆二字似平列鄭注孝經在前注

禮在後。似禮注爲定解。賈疏既云彼注兆爲吉兆。
又謂孝經注亦云兆塋域。豈鄭於孝經爲兩解。稱
或云兆塋域瘞厝置也。字亦作措。士喪禮筮宅卜
日。大夫則卜宅與葬日。葬事大愼之至。故必竭誠
卜筮以求其安。唐氏云。嗚呼。人子而至於卜親之
宅乎。生前遷宅。求得父母之歡心。至此奉安體魄。
不能復聞吾親之一言。此古人筮宅所以歸哭於
殯前也。士喪禮筮者南面受命。命曰。哀子某爲其
父某甫筮宅。度茲幽宅。兆基無有後艱。鄭君注艱

難。謂有非常若崩壞也。孝經曰。卜其宅兆而安措
之。蓋古時之卜兆。非如近世惑於風水之說。特期
於無後艱耳。程子嘗以土色光潤草木茂盛爲吉
地之驗。而又言五患當避。五患者。謂他日不爲道
路。不爲城郭。不爲溝池。不爲貴勢所奪。不爲耕犂
所及。蓋此五患者。皆所謂後艱。孝子當注意於此。
準之古禮。如期即葬。而又藏之深。營之堅。且固。庶
乎得之。案元疏引孔安國云。恐其下有伏石涌水
泉。復爲市朝之地。故卜之。此言良是。不可以其僞

而廢之。古者有故而未葬。雖出三年。子之服不變。豈有親體未安而子心能頃刻安者乎。檀弓曰。葬日虞。弗忍一日離也。是日也以虞易奠。卒哭曰成事。是日也以吉祭易喪祭。明日祔於祖父。其變而之吉祭也。比至於祔必於是日也接。不忍一日未有所歸也。所謂爲之宗廟以鬼享之。生事畢而鬼事始已。鬼神所在曰廟。始祭於殯宮。終遷於禰廟也。唐氏云。嗚呼。人子而忍以鬼享其親乎。聽於無聲。視於無形。平時色笑承之。惟恐不及。曾幾何時而爲鬼乎。問喪曰：祭之宗廟，以鬼饗之，徼幸復反也。夫人子之心至於徼幸復反，是明知吾親體魄之不能復反，而徼幸神之尚存也。是孝子不得已痛極之心也。案：問喪引此，鄭注以爲說虞之義，蓋卒哭以後諸祭皆統之。至是而始以鬼禮尊饗其親，與葬前之未異於生者異矣。此注與卿大夫章同。嚴輯兩見。今姑因之，與問喪注義得相足。春秋祭祀，言喪畢而祭。喪三年以爲極亡，則弗之忘矣。天時有運轉，我親無還期，感念代序，追養繼孝。既有四時正祭。又隨時薦新。思其居處。思其笑語。思其所樂。思其所嗜。事死如事生。事亡如事存。夫然故一舉足一出言不敢忘父母。而修身愼行。不辱其先也。君子有終身之喪。忌日之謂也。椎牛而祭墓。不如雞豚逮親存也。明發不寐。有懷二人。思之至也。唐氏云。嗚呼。人子而至於祭其親乎。親存時不能注意而忽焉。遂至於祭其親乎。祭義曰。霜露既降。君子履之。必有悽愴之心。春雨露既濡。君子履之。必有怵惕之心。蓋時愈變而父母愈杳。曰悽愴曰怵惕思之至矣又曰先王之孝也色不忘乎目聲不絕乎耳心志嗜欲不忘乎心蓋父母愈杳而想像愈益恍惚曰不忘曰不絕思之更至矣致愛致慤是孝之精誠也案孝子以身存父母之精神詩曰先祖是皇蓋子孫賢而祭祀誠則祖考之精神因之而旺極於德爲聖人宗廟饗之若孔子以布衣而享祀萬世則祖考之精神亦與天無極矣所謂大孝尊親也凡爲人子讀聖人書者可不勉乎

生事愛敬。死事哀慼。生民之本盡矣。死生之義備矣。

孝子之事親終矣。

無遺纖毫憾（二字依嚴氏說補）也。尋繹天經地義。究竟人情也。行畢孝成。（釋文）【箋】陳忠曰。孝經始於愛親。終於哀戚。上自天子。下至庶人。尊卑貴賤。其義一也。（後漢書陳寵傳子忠上疏）【釋曰】此節總結全章之義。節總結全經之義。言親生則事之盡其愛敬。死則事之盡其哀慼。惟愛敬之至。故震發而爲哀慼之至。如是則生人之根本盡矣。謂報本無遺憾。盡其天性也。事死事生之義備矣謂愛敬哀慼各極其情。養生送死之道備也。生事之以禮。死葬之以禮。祭之以禮。終身弗忘弗辱。則孝子之事親終矣。曾子曰。孝子之身終。終身也者非終父母之身。終其身也。此所謂孝有終始者也。凡人於遭喪之初。哀痛迫切。天良感發。自痛侍奉之無狀。而思所以盡心於喪。盡心於祭葬。環顧兄弟。惻惻相憐。此時純乎天良。無毫髮不善之念。以雜之。終則又始。孝之出於天性爲至德要道。於此益明矣。此節數句。語意深重。總

括全經。謂如上十八章之義孝子之事親乃終也

注意亦極沈至。謂人行如此。乃盡其情於親。揆之天經地義而無遺憾。孝道方成也。此學者所當服膺深思也。黄氏云。本生則末生。本盡則末盡。以愛敬而事生。天下之人皆有以事其生。以哀感而事死。天下之人皆有以事其死。皆有以事其生。則鉶羹藜糗等於五鼎。皆有以事其死。則孺泣號跳齊於七廟。故義者文也。本者質也。本盡則義備。質盡則文至。故聖人著其眞質以示其至要。曰先王之

所教順底於無怨者。不過若此而已。使世之王者皆繇其道以教民愛敬。感民哀慼。養生送死各致其質。則天下大治也。案此孝經所以爲禮之綱。六經之本也。中庸曰。惟天下至誠爲能經綸天下之大經。立天下之大本。經綸者。文也。立本者質也。質者誠也。誠者肫肫之仁也。讀喪親章而喪禮之文盡在其中矣。讀孝經全篇而六經之文盡在其中矣。文王既没。文不在兹乎。文王之所以爲文。其大本在此。自伏羲以迄周公。宣教明化。備物致用。經天緯地。撥亂反正。其大本盡在此。此孔子所以以至誠仁覆萬世也。德至矣哉大矣。

孝經鄭氏注箋釋卷三

事君章箋補脫文一條

易繫辭无咎者善補過虞氏稱孔子曰退思補過義與鄭同

鄭韋春秋傳曰進思盡忠退思補過社稷之衛也屬韋氏曰云云夾注下

孝經校釋

曹元弼 撰

據上海圖書館藏一九三五年刻本影印。

孝經校釋

姪岳申謹題

孝經校釋

姪壬申謹題

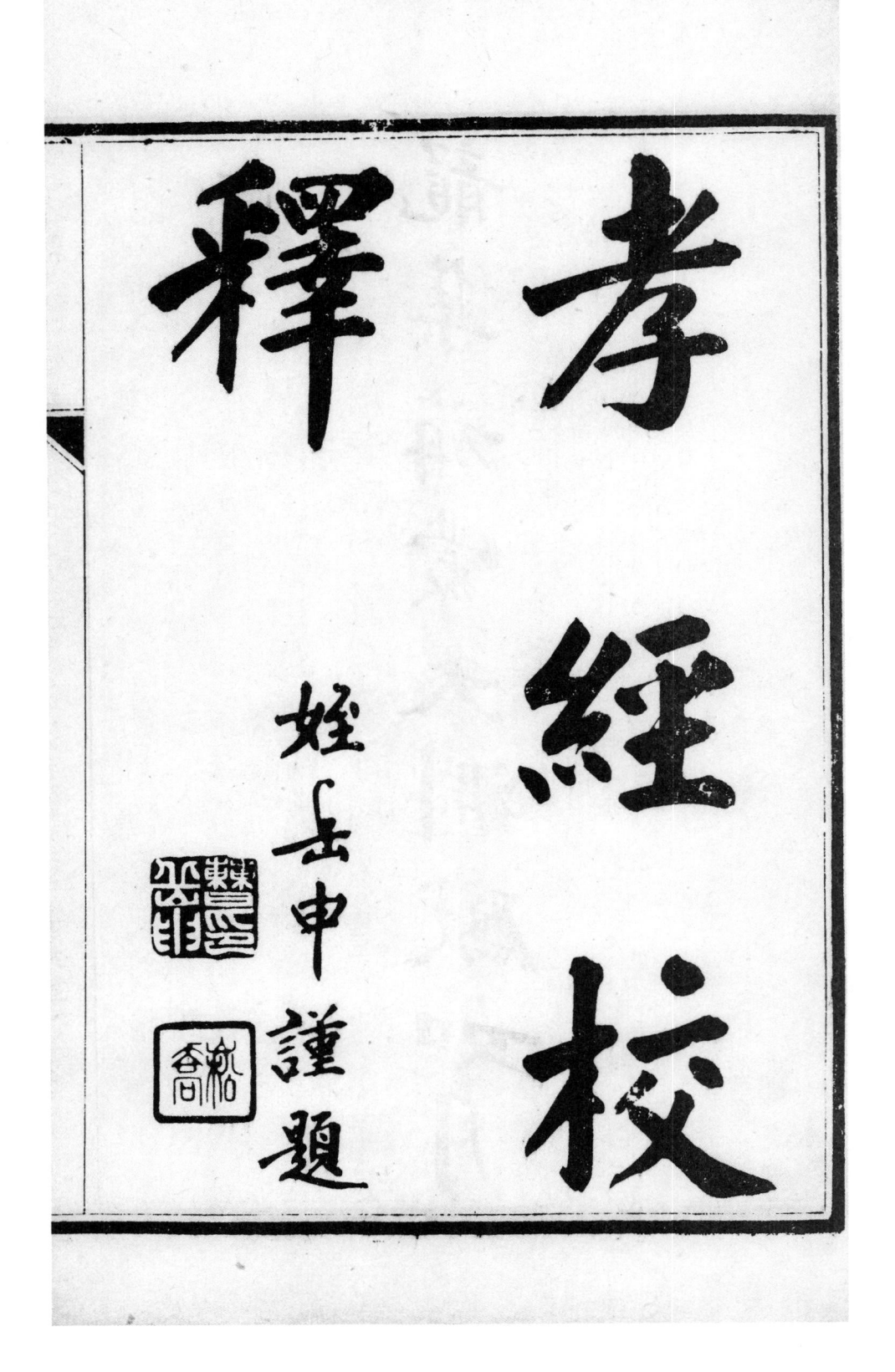

龍集旃蒙大淵獻如月

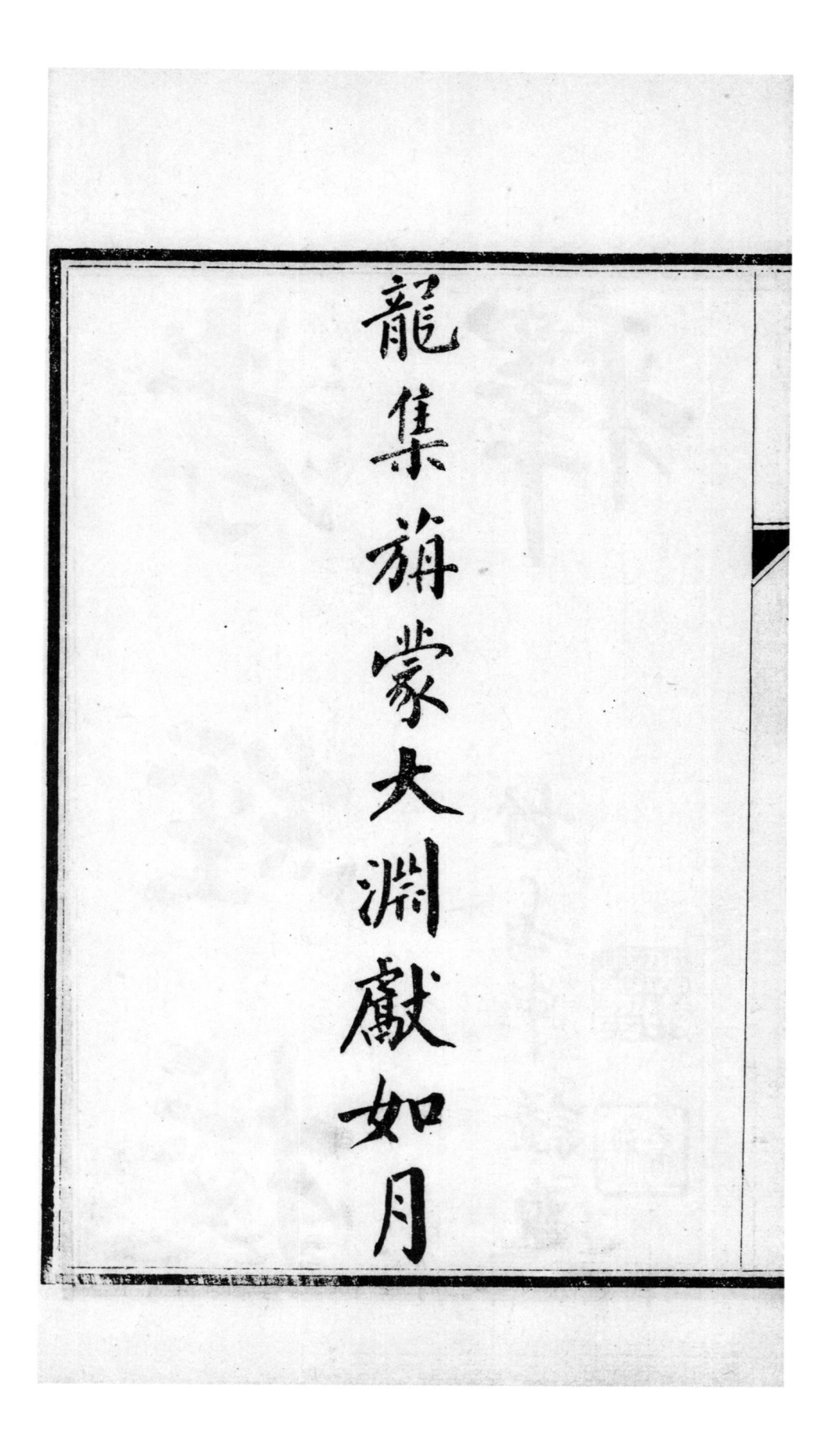

孝經校釋

曹元弼學

孝經注疏序　校曰。邢氏經疏行於今者。有孝經論語爾雅。論語疏無序。爾雅疏序與孔氏五經正義序賈氏三禮疏序一例。皆標題頂格。次銜名低一格。次序文頂格。惟孝經序標題次行列邢氏語六行。皆低二格。次邢氏銜名二行。低一格。次傳注銜名。亦低一格。次傳注序。頂格。阮氏元覆刊明正德本如此。猶宋時舊式。蓋此序以傳爲主。叔明令傳作。先撮舉大意

孝經校釋　一

示之。傳因列邢氏語及其銜名於右方。而綴序於後。所謂奉右撰也。邢語低二格。蓋以別於序文。

分義錯經　釋曰。觀此文。似舊疏本與經注別行。叔明取便講說。乃將元疏略加增删。分附經注下。講經注卽講疏。故曰分義錯經。曰一依講說次第解釋。而名之爲講義。且首行標題不但曰疏序而曰注疏序。銜名下亦題校定注疏。其後各經以疏合經注。并稱注疏。此其肇端乎。今易書詩禮春秋爾雅等宋本單疏。或完或缺。多已重刊行世。而孝經未見。意當時講義外。更無專行疏本歟。然亦不敢質定。邢氏旁引諸書以附元疏。渾合難別。今姑就可別者別之。

孔子云欲觀我褒貶諸侯之志在春秋。崇人倫之行在孝經　釋曰。褒貶諸侯。奉王法以賞善罰惡命德討罪。撥亂世反諸正。所謂春秋天子之事也。崇人倫。子臣弟友之行造其極。大孝尊親爲生民未有。所謂聖人人倫之至也。鄭君何邵公皆引吾志在春秋行在孝經。蓋約文。

乃與春秋爲表矣　校曰表下阮氏福補疏本增裏字是

孔子乃假立曾子爲請益問荅之人　釋曰聖賢言行無一非實云假立沿劉炫之誤鄭君云孔子作孝經以總會六藝班孟堅云孔子爲曾子陳孝道蓋孔子以孝道立天下之大本而苟非其人道不虛行以曾子有至孝之行故特以大道語之因反覆討論問荅旣竟筆之爲經發首稱仲尼居者夫子自舉表德之字以著聖父類命爲象之意大孝終身之慕即此

可窺。下稱子曰者。作經垂法、萬世。故著弟子通稱之號。稱曾子者。亦以曾子傳道。必爲百世師資也。孟子書係孟子自著。每章自題孟子曰。又書樂正子公都子屋廬子高子徐子陳子。則著作之體。弟子賢者亦得稱子。正與此經同例。若春秋之義。字不若子。則孝經爲夫子自著之書。固無容討及。且孔子稱字又稱子。曾子稱子又稱名。亦其差也。或者經內曾子本作曾參。至曾氏之徒子思樂正子春等傳習之本乃書曾子耳。

并有梁博士皇侃義疏播於國序　釋曰。皇疏當據
鄭注。皇氏有孝行。又精於禮。其書必善。孔沖遠賈公
彥皆有孝經疏。當根本之
俾其集議　校曰其或當爲共
是以劉子玄辨鄭注有十謬七惑　釋曰辨詳余所
爲孝經學流別篇
司馬堅　校曰卽司馬貞避宋諱改　又案此篇敘
至明皇御注而止。元行沖作疏以下均未及。阮氏福
孝經義疏補詳之。此疏行沖所撰。叔明校之。略有增

益。不過如校語之附本書耳。阮氏補疏每卷題元行
沖疏宋邢昺校。是也。

御注序

至劉炫遂以古孝經庶人章分爲二四句　釋
曰。元氏此說最分明。詳流別篇。閨門章出炫僞
撰。或言長孫有此章。蓋由作僞者飾說。簡氏朝
亮荅問云。隋志云。古文長有閨門章。或譌作長
孫有。通考引志誤同。長有猶多有。引論語皇疏
敘齊論長有問王知道二篇爲證。或然。

孝經校釋　四

二者是問也　校曰上當脫其下二字

故假言乘間曾子坐也　校曰故浦氏正誤改

爲蓋案也字疑衍

又說以孝爲理之功　校曰理治也唐人避諱

改

莊周之斥鷃笑鵬七句　釋曰莊騷寄託之辭

卿雲華藻之文豈可與聖經並論亦擬不於倫

矣

若依鄭注實居講堂至其意頗近之矣　釋曰

皮氏錫瑞孝經鄭注疏云。劉所見殊滯。一貫呼參。門人皆在。則與曾子論孝。何不可在廣延生徒之時。子思著書闡揚祖德。篇首發端可稱祖字。乃疑曾子不可稱師字。又非其理也。案此說是也。講堂弟子俱在。而獨云曾子侍。此時曾子必最近夫子。故應問而獨對。且鄭云尻講堂者。謂聖賢以至德要道相授受。必在講學正大之地。其理甚明。焉用多口。子曰。春秋屬商。孝經屬參。但春秋經既成而以義屬之。孝經則授以大義卽筆之爲經。此記事論道之别也。孔子自題字。或曾子先著師字而下稱子曰。自稱曾參。如禮運書仲尼書孔子曰。書言偃之比。均無不可。此經爲夫子所自作。卽錄由曾子。所錄固一如夫子本語。且必由夫子審正定名。故與春秋並爲聖作之書。

以參偏得孝名也　釋曰。大舜曾子皆處家庭之難。而以厎豫養志立人倫之極。其心惟順於父母。是求。遠近歸之。名謂之大孝。所謂至誠無息八則徵也。堯之舉舜。夫子之以道授曾子。正深知其實爾。豈其名。

稱爲人聖　校曰人聖二字當倒

貴藏理於古　校曰貴諸本作實是

元氏雖同炫說三句　釋曰。此叔明校定語甚當。班鄭非異義也。

據先後言之　校曰。先後疑當作志行。下則孝經之作上疑脫據先後言之一句。蓋志行相表裏。故二經宜相繼並作。語次皆先春秋後孝經。

則孝經宜在春秋後作。

故亦爲其所引而之　校曰爲字誤大戴記作

唯

以此序唐玄宗所撰至廟號玄宗　校曰此段

叔明校定時所改明孝當爲孝明

案今俗所行孝經題曰鄭氏注云云　校曰。此

以下列十一驗。皆劉子玄議文。明皇旣經文從

鄭。注文鄭與僞孔俱擇取無所偏主。則行沖作

疏當並列劉及司馬兩議。而歸重御注以明折

中今於十二驗後始見子玄之名。意似承用劉說偏重古文者。下又稱蘇宋文吏拘於流俗不能發明古義云云。更非奉詔撰疏語氣。凡此皆出邢氏移易刪潤。異於行沖本意者。然古文經傳實皆僞書，叔明此說非是。溫公朱子之誤肇端於兹矣。

其驗有十二焉　釋曰辨詳流別

答甄守然等書　校曰守當作子

於京市陳八處買得一本　釋曰。京市陳八謂

南朝陳國遺人來在京市者，託之亡國羇旅，飄泊難稽，匹姚方興大航頭故智，巧說衺辭，適彰其僞。

至劉向以此參校古文三句　釋曰：古文二十二章，蓋有複重陵亂，故子政定從十八章，此別錄折衷之語，猶禮十七篇於二戴外更定篇次。其古文二十二章之本，自若漢藝文志所謂孝經古孔氏一篇者也。或以師古注庶人章分爲二，云云並爲子政語，亦與此不相妨。庶人章曾子敢問章本不當分。增多一章不知云何。或與二十一章並多複雜。故桓譚計其異文甚多。而子政定從十八。劉炫襲其目而妄綴數語別爲閨門章。其僞顯然。然司馬貞以庶人章分二等皆爲後人之妄。當時無據子政說駁之者。行沖於正義發端即用其說。且直以分二分三屬之劉炫。不慮顯背別錄爲人指駁。則愚流別篇所辨當矣。

先是安國作傳三句　釋曰孔子國所得書皆

未作傳此說亦誤

尚未見孔傳　校曰尚未見三字阮氏從文苑

英華唐會要作有見二字非詳流別

鄭注與孔傳眞僞流別篇辨之綦詳。王氏鳴盛

謂鄭志無辨難論語注義。非獨孝經。豈可謂鄭

未注論語。亦足正劉子玄之失。鄭君注孝經。疑

最在羣經之先。而序云僕避難於南城山念昔

先人。豈避黃巾時曾加修改。尚未勒成定本徧

授弟子歟。古今著書此類甚多。以元翢之不敏。

解釋孝經與釋他經相先後。亦已第四次。出入四十年矣。

孝經正義終　校曰此正義之始非終也五字必刊書時誤題當删

孝經序　校曰前旣題御注序此復題孝經序者彼兼題序注係疏者語此專題序明皇本文也石臺本如此

朕志先定　朕德罔克　釋曰此東晉古文唐人求之疑也

仁者兼愛之名　釋曰何不依經文稱博愛此

非信墨氏乃措語疏失耳

聖人知孝之可以教人也五句　釋曰此數語能提

要鉤元

言褒貶諸侯善惡志在於春秋　校曰志上當

脫之字

經曰八句　釋曰此數語有切身反求之意明皇天

資甚高性情亦篤好學重道尊賢愛民開元之治比

隆貞觀有以也惜乎驕溢之志一萌崇極而圮卒有

幸蜀之禍故自天子至庶人皆以孝有終始患不及爲難

有河間人顔貞出其父芝所藏　釋曰。序濫觴二句。意本統論羣經疏。但就孝經言之。下源流益別句疏亦然。

夫子約魯史春秋　校曰春秋上當脱作字

謂名專巳學　校曰當爲專名己學謂若左氏公穀鄒夾各專門名家

先有子夏詩傳一卷　校曰傳當爲序

存其作者　校曰此句有誤大旨謂并述其傳耳

上去孔子聖遠　校曰子聖二字必有一衍

述其義疏議之　釋曰謂作稽疑或議之二字衍

劉綽亦作疏　校曰綽　殿本作焯

謂小道而有成德者也　校曰德字可删

作得自題　校曰得或者之誤

韋昭王肅　釋曰弘嗣之學亞於鄭君固先儒領袖

王肅誣聖亂經薰蕕絕殊矣

虞翻劉卲　釋曰仲翔孝經注絕無可考易注閒涉

孝經義今宋入鄭注箋

　魏志劉紹　校曰紹當作卲

劉炫明安國之本　釋曰光伯聰穎特達文而又儒

說詩左傳有功而諸經家法不一喜造僞書尤悖篤

行君子之道唐時孔傳旣光伯所僞撰近又有一本

自海外流入中國文義鄙陋光伯必不至此則又僞

中之僞矣

陸澄譏康成之注　釋曰。陸說非。王儉荅書云。孝經明百行之首。實人倫所先。七略藝文並陳之六藝。不與蒼頡凡將之流。鄭注虛實。前代不嫌。案王說至當。鄭注實出康成。流別詳之。近有一本自海外來。皆從彼土所傳羣書治要中輯出。文義淺弱。焦氏循斥爲僞書。良是。

劉炫陸澄也　釋曰當云安國康成也

是條之理也　校曰條下　殿本有貫字

琰上寸半　琰半以上　校曰皆當作剡

注繁文　校曰注下似脱省字

孝經注疏卷第一　邢昺注疏　校曰此題甚誤當改云邢昺校定在孝經注疏卷第一之次行次乃列開宗明義章各卷皆同若備書之則當書唐明皇御注元行沖疏宋邢昺校近本或附音義於注下并題陸德明音義不知陸氏遠在明皇前所音乃鄭注盧氏文弨釋文攷證云釋文依鄭注作音義而今本則唐明皇所注以釋文附之自多不合校此書者往往

孝經校釋　十三

云本今無。即入之陸氏書中。殊爲混淆。案盧說甚是。他經可附釋音。孝經則不可。若阮氏補疏載釋文以存鄭注。則自爲書。則無妨也。

又有荀昶集其錄及諸家疏　校曰似當作荀昶集注及諸家本

而援神契自天子至庶人五章　釋曰。謂援神契見此五章之目。自。或當爲有。

唯皇侃標其目而冠於章首　釋曰謂唯皇侃盡標十八章之目各冠於首

今鄭注見章名三句　釋曰。援神契有五章之目。則古有章名。而劉向荀昶及諸家本皆無章名。今鄭注本有之。蓋先時本有。中間攺除。後人復追遠而題之。荀昶宗鄭注而不題章。故疑鄭注章名。由皇侃等追復舊題。實則十八章之目於經義甚協。必出自七十子後學者所傳。諸家或詳或略耳。明皇從鄭注皇疏本。是也。

廣要道章　校曰。下脱廣至德章四字

揚名之上六句　校曰。上。浦攺作義。近之。或者上謂君上。然此數語義頗牽强。諸章相次。孝經學明例論之詳矣。

仲尼居節

似若别有承受而記錄之　釋曰夫子自作經垂世非效後人記錄之體餘辨詳前

古文孝經云仲尼閒居　校曰此顯與説文引古文孝經謬戾即此可斷其僞

子曰先王節

何足以知先王至德要道之言義　校曰言字

衍

依王肅義　釋曰。元氏於御注用舊義者皆表明之。蓋本明皇之意。注所采雖不盡當。而立心甚公。與論語何氏集解皆不掠人美。賢於王弼杜預遠矣。

身體髮膚節

以先榮其父母　校曰先當爲光

云能言立身　校曰當作言能

後行孝道　校曰謂既能守身然後行孝道而

自然揚名然語不甚完備恐有脫字

夫孝始於事親節

謂先能事親　校曰下當脫事君二字

此通貴賤焉　校曰此當爲亦

劉炫駁云云　釋曰皮氏云劉氏刻舟之見疑非所疑必若所云天子尊無二上無君可事豈但無終又有遁世者流不事王侯豈皆不孝不惟鄭注可駁聖經亦可疑矣經言常理非爲一人而言鄭注亦言其常何得以顔夭爲難哉案

光伯此說。非但如高叟之固。直效王肅故智禦人以口給耳。皮氏之言當矣。

大雅云節

五經唯傳引詩　釋曰。左傳亦引書易。非獨詩而已。劉說引書之法。以論左傳禮記則可。未足仰窺孝經謹嚴之旨。

天子章

愛親者節

博愛也　釋曰。博愛廣敬四字甚當。然當謂推愛親敬親之心以愛人敬人而不敢有所惡慢。不當遽謂設教以使人不惡慢其親。經文甚明。如注疏義轉難解矣。疏云此依魏注。不知魏注全文本意如何也。愛親者二句。本統五等言之。而不敢惡人慢人之義。天子行孝尤當深思。

所謂愛親者　校曰者上似脫敬親二字

孔傳以人爲天下衆人至無由而生也　釋曰。此段惟以愛屬至德敬屬要道。義稍偏。餘皆允當。不可以其僞而棄之。至其文義。則灼然在六朝之末。決非先漢人語氣。當分别論之。

案禮記祭義至斯亦不敢慢於人也　釋曰此

元氏申僞孔説以補御注之義

皇侃云愛敬各有心迹云云　釋曰論愛敬此

説最當

梁王荅云　校曰王當爲皇此荅甚是

以則言之　校曰則當爲例

釋刑于四海也　校曰當爲釋加於百姓也

劉炫駁云　釋曰蓋者謙若不敢盡之辭劉炫

說祇見其固

甫刑云節　兆民賴之　校曰。釋文云。兆。知從八正。直表反。案知從八正四字不可解。竊疑釋文依鄭本。兆字本作𠔁。𠔁說文從重八之字。陸氏解之曰。字從𠔁正。明𠔁即兆字之本體也。後人不曉。致此舛譌。說文引孝經說曰。上下有別。此說𠔁字之形。上別下別。故從重八。詳段氏說文注。

今尚書爲呂刑者至晉世家也　釋曰。此疏略本書孔疏而刪其引鄭語史伯之說。彼疏說國

語末當。行沖去取審矣。或本沖遠孝經疏。自與
書疏微異也。
鄭注以書錄王事云云　釋曰各章皆引詩而
天子章獨引書且特見刑字必有精意阮氏論
之當矣疏說非

諸侯章

在上不驕節

高者危懼　校曰懼疑當爲地

若不能以貴自驕　校曰各本作能不是

並如條之說　校曰並上疑有脫文蓋謂祭社

之禮並詳於條牒耳

卿大夫章

非先王之法服節

三者服言行也　釋曰注本皇侃義甚當温公易

之非

侯伯之服自鷩冕而下　校曰此下當有如公

之服句下子男卿大夫例同皆引文脫略

皆已而法之　校曰據表記引甫刑罔有擇言

孔疏推之，則此五字當爲皆已擇而去之六字。已下脱擇字，去誤爲法耳。又上句德字下疑脱一者字。孔沖遠爲庶人承乾撰孝經疏以寓規諫。釋此擇言蓋與禮疏同。元氏本之。又孝經禮記皆有皇疏，爲孔氏所本。其義彼此自相符合。經説源流當觀其會通，以此爲例。

則知表身者以言行　校曰：者下似有脱文，宜云表身者服而立身以言行

不虧不毁猶易　校曰：不虧或當作表身

故能守宗廟也　校曰故似當爲則

士章

資於事父節

言愛父與母同敬父與君同　釋曰經言取於事父之行以事母而愛母與愛父同取於事父之行以事君而敬君與敬父同唐注立文似與經戾簡氏云疏謂事母之愛事君之敬並同於父此疏知注之立文强而未安矣特不顯言之

以明割恩從義也　釋曰簡氏謂孝子爲忠臣

其從義非割恩疏下云說愛敬取捨之理。簡謂經言取不言舍。辨析皆當。此非疏之失義。乃立文有未善耳。若改割恩從義爲移孝作忠。改取捨爲所取。斯善矣。

此情親而恭也　校曰也諸本作少是

豈則尊之不極也　校曰豈則疑是則之誤。下句同。草書是作昰。形近豈。

守者無逸也　校曰逸當爲失蓋失誤爲佚又誤爲逸耳

庶人章

故自天子節　校曰：患不及，各本同。鄭注云「及其身」。

足經文意。經傳單言及者甚多，嚴疑及下脫己字，非。

皮據增，尤非。

始自天子終於庶人　釋曰明皇說終始，就人言

說孝道包含之義廣大至難備終始　校曰：說

上當脫一字。此說終始以道言，與上申御注異。

而釋患不及之義則同，或可此係邢氏附益語。

說字當作謂，上脫今字。

少賤之辭　釋曰少猶不足也言庶人自以爲賤謂己不足與於行孝患不及者憂己位賤而心有不足之辭此以患不及專屬庶人義殊偏狹故元氏駁之

鄭曰至比屋可貽禍矣　校曰阮氏福云疏內兩鄭曰皆當云主鄭者曰蓋唐人問難之辭案兩鄭字或皆問字之誤問辭內云諸家蓋兼指鄭韋王僞孔之等又引尚書僞古文其非鄭君說甚明皮氏云此經明云自天子至庶人難鄭

者乃專指庶人言。顯與經悖。云寡能無識。云凡庸詎識學道。專言庶人尚可。而此經包天子諸侯卿大夫士在內。豈天子諸侯卿大夫士亦得以寡能凡庸自解乎。首章明云孝之始孝之終。卽此章所謂終始。難鄭者乃謂有始不必有終無終不必及禍。是不止背鄭。直背經矣。

又若案注說　校曰若案疑當作各家

故皇侃曰　釋曰。皇氏據鄭注作疏而此條駁鄭。蓋如孔氏禮記正義序所譏木落不歸其本者。孝經疏亦偶有之。

詎識孝道　校曰孝各本作學

故謝萬云至善未有也　釋曰。此數語甚不分

明。大旨謂行孝當有終始。自上至下能以爲人

無終始憂不及於孝。惟恐不足而竭力以行善

者。未之有也。是未之有爲難辭善辭。此與上少

賤之義不盡合。或者言爲人三字當作於庶人

言四字。謂孝行下脱一當字。孝行當有終始。而

庶人位賤。或不能立身揚名。是雖有始而無終。

孝經校釋　三

故以不及爲憂而自勉能如是則庶人有士行。而士以上皆孝有終始矣然於經文語意及鄭注訓患爲禍仍不合竊意鄭注善字當爲言釋文同謝本或作難皆誤此節鄭注舊本傳寫舛誤必多自晉以來莫能是正各生曲見皆屬乖違實則經文甚明以經正注文以注解經義自若合符節矣箋釋詳之。

三才章

甚哉孝之大也節

孝爲百行之首云云　釋曰。經云夫孝天之經地之義。與首章夫孝德之本教之所由生立文一例。謂孝是天經地義。非謂孝若天經地義也。天經地義當就孝言。董子延叔堅班孟堅所說皆是。注義未當。疏引制旨大和之性大順之理云云。義較親切。

特假曾子歎孝之大　釋曰曾子自聞聖言而歎。夫子自因其歎而引申之言。假非也

以晨羞夕膳也　校曰也字衍

上文云夫孝天之經地之義者　校曰者字衍

天利之性也　校曰天毛本作大是利當爲和

而一致之者　校曰一下似脱以字

先王見教之可以化民也節

君愛其親　釋曰博愛者推愛親之心以愛人注

用王肅義未當

陳之於德義而民興行　校曰於字誤各本作以興

行之行當讀去聲注讀平聲未是

示好以引之二句　釋曰注讀好惡並去聲

先王又以身行敬讓之道　校曰以字衍

又示之以好者必愛之二句　釋曰疏讀好惡

如字似與注不協

赫赫師尹節

義取大臣助君行化　釋曰以大臣見君耳疏以

兩先之屬君陳之導之示之屬臣未當

故曰尹氏也　校曰尹氏當爲師尹

是吾身行　校曰吾當爲君

故上之好惡不可不愼也云云　釋曰此段似

因文託諷有規明皇慎好惡審擇大臣之意

孝治章

昔者明王節

大教接物　校曰大教或當爲廣敬

謂各脩其德　校曰德或當爲職

孝經稱周諸侯有九千八百國　校曰經下脫

緯字九字衍

此皆況惜有知識之人　校曰況惜當爲汎指

若能孝理其家則　校曰上六字涉下而衍則

當爲謂

以五等皆貴　校曰皆貴二字與上文差卑不協疑有誤意蓋謂五等爵同故皆況其卑

大夫或事父母　釋曰言或逮事父母然此三況皆未必經意經之意天子治天下諸侯諸侯治其民卿大夫治其家人故其下曰萬國曰百姓曰人義自當然耳

聖治章

言明王孝治其下　校曰其當爲天

敢問節

故又假曾子之問　釋曰言假亦非詳前

昔者節

郊謂圜丘祀天也　釋曰此係僞孔傳尙書僞傳
出王肅多與肅注同故劉炫作僞解此經亦用肅
說

則與經俱郊祀於天　校曰語有誤當爲則於
圜丘郊祀於天

至謂春分之日也　校曰日下當脫至字謂春

分長日將至

從衆則鄭義巳久　釋曰御注依僞孔元疏似

以鄭義爲是故斡旋其辭

取象六甲子之爻　釋曰積六甲子爲三百六

十當期之日其約數爲三十六當乾一爻之策

故曰象六甲子之爻然太迂迴矣

故親生之膝下節

親猶愛也　釋曰注釋親生之膝下及養字均未

是親生之膝下謂親身生之膝下耳以養父母日

嚴。謂既生之後由漸長大。以奉養父母日加嚴敬也。

故出以就傅云云　釋曰。親嚴卽愛親敬親。聖人因其愛親敬親之心而教之愛人敬人。故政教易行。所謂本立而道生也。注亦未是。

夫愛以敬生敬先於愛　校曰當爲敬以愛生愛先於敬

而此言教敬愛者　校曰言上似當有兼字

所以先敬而後愛也　釋曰敬固待教愛亦恐

忘故先教敬而後又教愛也

夫親也者　校曰親下脫嚴字

謂其本於先祖也　校曰先祖疑當爲天性

父子之道節

則生愛敬之心　校曰愛敬似當爲親愛

故不愛其親節　釋曰此節注義亦未允

紀孝行章

故君子皆由事親之心　校曰君子下似脫愛

敬於人四字

孝子之事親也節

冠者不櫛怒不至詈　校曰櫛下怒上當備引

曲禮文寫者脱之

此注減憂能二字者　校曰者上似宜有協句

引之四字

事親者節

此依常義　校曰常或當作韋

五刑章

故以名章　校曰此上疑有脱文宜補云不孝

之罪於五刑之屬爲最重故以名章

五刑節

豈唯不孝乃是大亂之道　釋曰三惡皆以不孝統之大亂之道正申罪莫大於不孝之義注分爲二未當疏彌縫其闕得之

案舊注說云云　釋曰五刑之屬最重不過大辟而易有焚如之文周禮云凡殺其親者焚之明是聖人深惡特制極刑在三千條外非刑書無其文也司徒鄉八刑首不孝之刑正以此極

刑曉諭萬民而糾察其行。防萌杜漸。使莫敢犯。

其深塞逆源之意一也。疏說未是。

廣要道章

廣宣要道以教化之　釋曰此廣字似未甚的

廣猶引申也與廣揚名義同下云申而演之則

是

教民親愛節

言教民親於君而愛之者　釋曰親愛如書百

姓不親孟子小民親於下之義不專以親愛君

言禮順亦不專以順官長言

受其風上而行其失　校曰當作上受其風而

知其失

制百口　校曰當爲制旨曰此以下皆所引制

旨文也。閩監毛本作緐記云非。孝經學亦未及

校正。

者此依孔傳也　校曰者字衍此依句或當在

上文故曰悦也者下

名何啻千萬　校曰名或當爲各

廣至德章

此章明廣至德之義　校曰明廣二字當倒

君子之教以孝節

言教不必家到戸至　校曰文選注兩引鄭注作

門到。家字或明皇改之。或所據本異。

舉孝悌以爲教則天下之爲人子弟者無不敬其

父兄也　釋曰此敬據立教者言卽上章所言敬

其父敬其兄也注説非

廣揚名章

而於此廣之　校曰而當爲今

次至德之後　校曰次下脱廣字

君子之事親孝節

居家理故治可移於官　校曰易家人初九荀注引

居家理治可移於官是古本皆無故字讀理治絶句

名自傳於後代　校曰此依鄭注當本作後世明

皇避諱改

先儒以爲居家理下闕一故字　校曰陸據鄭

本理治連讀。然鄭注恐無理治二字連屬明文。

故先儒或讀理字絶句釋文蓋據爲鄭學者相傳舊讀眞微言古義也

亦士章之　校曰下脱文字

敬悌義同　釋曰此章言弟士章言敬敬兄卽弟彼此義同疏義如此阮氏謂敬悌當作孝順非是

卽是常有之行　校曰行似當爲義

諫諍章　校曰說文諍止也從言爭聲徐鍇曰孝經曰君有諍臣不失其天下謂能止其失也白虎通引

經亦作諍。是古有諍爭二本。諍正字。爭假借字。竊謂經文多用借字。或經本作爭。後師題章名作諍。鄭注亦以諍釋爭。

若夫慈愛恭敬節

唯論愛敬及安親之事　校曰安親下當有揚名二字

故又假曾子之問　釋曰言假亦非辨見前

何故云包慈恭也　釋曰如皇氏說慈恭乃愛敬之小別耳何以不得相包此說似失之泥

孝經校釋

以成疑　校曰疑下似脫義字
顧命揔名卿士　校曰名似當爲召
劉炫云案下文云云至劉炫之讓義雜合通途
校曰之字衍雜或當爲雜三公四輔經傳明文
本以卿士兼之故周官不列凡臣皆得諫而特
立七人以重陳善閉邪之責皮氏謂如後世廷
臣皆得諫而又別立諫官是也劉炫說殊非且
自撰孔傳引書大傳說以異於書之僞孔傳而
又自駁之以掩其作僞之迹如此譸張甚爲博

聞强識者不取也。

釋文音注諫諍云。諍。鬬也。案諍與鬬絕然異義。又萬無以爭鬬解諫諍之理。且何以不爲諍字作音。竊謂此處釋文脫誤殊甚。當讀正云。止也。側迸反。通作爭。音同。諫爭非爭鬬也。義乃可通。事君章釋文爭鬬之爭上亦脫一非字。蓋孝經童蒙始習。諍爭聲轉。或不能辨。故别白之。又釋文此下詳辨鬬字之形。注中並無鬬字。何故辭費如此。竊疑鄭注原文。爭臣下當以諫諍釋爭。

教授之師或於其旁添注非爭鬬也四字。寫者誤以入注。或可注本有之以曉童蒙。且爲當時爭奪之臣大爲之坊。陸氏因正其字形。不意鄭注既亡。寫釋文者又脱誤至此。大悖經義。厚誣古人。故明辨之。

應感章　校曰鄭本作感應與易咸彖傳合且經義先感後應倒之非是

前章言諫諍云云　釋曰此章總承上所説孝道而極贊之非專承諫諍章

昔者明王節

案此則神感至誠云云　校曰，此數句邢氏校語，云今定本者，謂宋時孝經定本，或即叔明所據校者，非唐顏師古尚書定本也。

故雖天子節

父謂諸父兄謂諸兄云云　釋曰此可與鄭注相輔明皇於兄弟之間甚善此由中之言

言能敬事宗廟云云　釋曰意甚善而非此經之義

於天下宗族之中　校曰下當爲子或天子二
字皆衍
言父以上通謂之祖考　釋曰兼言父以上則
總曰祖考
亦以尊卑爲列　校曰亦疑當爲不言序齒不
序爵
父母既沒沒慎行不辱先也　校曰語有脱誤
當云父母既沒慎行其身不遺父母惡名是不
辱先也

報以景福　校曰景當爲介

皆招著之義　校曰招當爲昭

舊注以爲云云　釋曰舊注於經文意甚合疏

說非

事君章

此孝子升朝事君之時也云云　釋曰。疏說揚

名以下四章相次之義皆未當揚名章以上論

孝道已備。更於其中別出諫諍一義以盡愛敬

之理。而感應章詠歎以終之。孝道於人倫無所不周。而君臣之義。尤與父子之道互相維持。故上文既備論資父事母資父事君。及事父事兄事君。而於篇將終極贊孝弟之後。特出事君專章。以明忠孝一理。不當如疏說。

君子之事上也節

已上皆斷章　校曰。皆斷章當作數章皆。皆字屬下讀。

君子之事親孝故　校曰故當爲及

故注依此傳文而釋之　校曰注上似脫舊字

孔注尚書太誓云　校曰云字衍

喪親章

孝子之喪親節

雖即毁瘠　校曰即當爲則

當心麄布長六寸　校曰當上脱縗字。心字不誤。喪服記曰。衰長六寸博四寸。謂當心者也。

但位定初喪　校曰但當爲俱位定閩監毛本作定位是

爲之棺椁節

袍之上又有衣一通　釋曰所謂袍必有表。不
襌。謂之一稱。
朝祭之服謂之一稱　校曰服下。據禮經義當
脫各有裳三字。袍有表爲一稱。朝服祭服皆有
裳。各爲一稱。凡三稱。
則是女質不宜極踊　釋曰。女體不宜極踊。但
爵踊不絕地。故舉擗爲重。
則春秋祭祀兼於庶人也　校曰則字當在春
秋祭祀下屬下句

釋文裦字或作褎同並義似當作音義並同又
云俗作裦色追反非也謂俗本皆作裦而音色
追反其音非也　卜其宅兆釋文兆卦也字書
皆作垗廣雅云垗葬地盧本卦作封案依賈氏
禮疏引孝經注則字當作卦然與字書皆作垗
句似不貫卦也下何不先引周禮注以與本經
注相識別乃更以字書辨其字體禮疏云孝經
注亦云兆塋域豈孝經注有兩說陸氏定從後
一說歟然龜兆之說曾不一及亦似可疑　鄭

注無遺纖也。釋文。息廉反。正。皆放此。案纖字釋文皆作纖。豈以此爲正耶。說文作纖。